JN110109

マイクロ波工学
の基礎

平田 仁［著］
Hirata Hitoshi

Ohmsha

まえがき

インターネット通信に関してブロードバンド（broad-band）という言葉が馴染みになった．電話やテレビなどの一般的な通信に，電波の中で周波数の非常に高いマイクロ波が使用され始めてから，情報のブロードバンド伝送が可能になった由来がある．電磁波の周波数が高くなると，情報を載せるための周波数帯域幅を広くでき，同時に載せることのできる情報量が多くなるからである．

マイクロ波と呼ばれる電磁波の波長はおよそ 30 cm 以下であり，マイクロ波が使用される以前の電波の波長に比べると非常に短いので，ごく小さい波長という意味でマイクロ波と称された．マイクロ波は歴史的にはその直進性の良さを利用してレーダ用として開発された．そして社会の発展に伴って通信に対する需要が高まり，それに答えるためにマイクロ波がその高い周波数の故に大容量，遠距離の情報伝搬手段として開発された．エレクトロニクスの発展と共に，マイクロ波技術は長足の進歩を遂げて今日に至っている．現在では，マイクロ波は通信以外に多くの分野で応用され，さらに研究が進められている．身近な分野では電子レンジでの加熱に，最先端の科学分野では新しい素粒子の研究を目的に電子や陽子を光速近くまで加速・衝突させる手段として，さらには宇宙から到来するマイクロ波を巨大なパラボラアンテナによって受信することにより宇宙の謎の解明に，と様々にマイクロ波は利用されている．

周波数の配置で眺めると，マイクロ波の隣りはもう光の領域である．光もマイクロ波と同様，大容量の情報伝達媒体としてしだいに普及している．そして，マイクロ波は通常の電波から光への橋渡しとしても大切な位置を占めている訳である．

本書はこのようなマイクロ波の技術に関する入門書として著されたものである．マイクロ波技術を初学者にとっても理解しやすくするため，本書ではできる限り図表を使って説明するように心がけた．

なお，本書の出版にあたり日本理工出版会の方々には大変お世話になった．ここに謝意を表する．

平成 15 年春　　　　　　　　　　　　　　　　　　　　　　　平　田　　仁

目　　次

第**1**章

本書を読むにあたって

●マイクロ波とは

　私たちのまわりには様々な電磁波が飛び交っている．ラジオやテレビの電波をはじめ，携帯電話の電波，衛星通信・放送の電波などがなじみの深いものである．これらの電波の周波数は非常に広範囲である．

　そのなかでマイクロ波とは，周波数の非常に高い領域の電磁波を指す名称である．テレビやラジオの放送に使用される電磁波の周波数は，およそ100 kHzから1000 MHz（1 GHz，10^9 Hz）であるが，衛星通信を含めて無線通信に使用される電磁波は数10 GHzに至る非常に高い周波数である．そのなかでおよそ1 GHzから30 GHz（波長30〜1 cm）の周波数範囲に入る電磁波を**マイクロ波**と呼んでいる．なお，さらに高い周波数領域では，30〜300 GHzの範囲は波長が10〜1 mmとなるので**ミリ波**，300〜3000 GHz（波長1〜0.1 mm）の領域を**サブミリ波**と呼ぶ．これ以上の周波数は光の領域となる．周波数による分類と名称は以上のとおりであるが，マイクロ波工学の対象としてはミリ波もマイクロ波のなかに含めて扱われる．**図1・1**に電磁波の分類をまとめて示す．

　このようなマイクロ波の応用技術の開発は1940年代のレーダの開発に端を発している．マイクロ波は波長が10 cm前後の非常に短い電磁波であるから，直進性は良いが進路上にある波長程度以上の物体によって反射されてしまう．この性質を利用したのがレーダであり，当時の第二次世界大戦における索敵のための装置として開発が行われた．この技術は現在では航空，船舶，気象観測

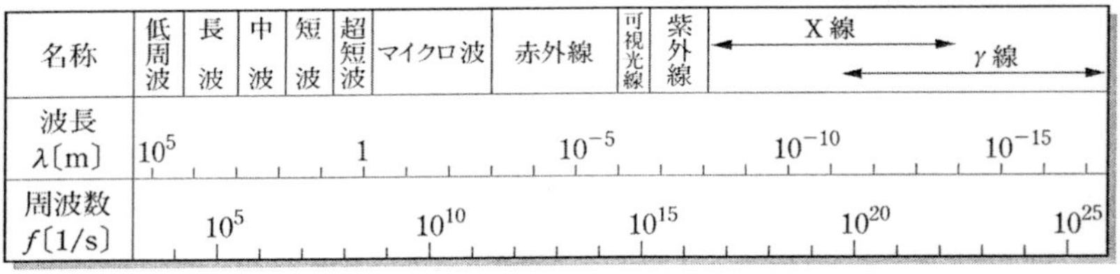

名称	低周波	長波	中波	短波	超短波	マイクロ波	赤外線	可視光線	紫外線	X線 / γ線
波長 λ〔m〕	10^5					1		10^{-5}		10^{-10}　　10^{-15}
周波数 f〔1/s〕		10^5				10^{10}		10^{15}		10^{20}　　10^{25}

図 1・1　電磁波の分類

　などになくてはならないものとなっているし，レーダ用のマイクロ波の発生源であるマグネトロンと呼ばれる発振管は，家庭用電子レンジとして用いられているものと同種のものである．

　マイクロ波は周波数が高く，波長が短いことから，上に述べたレーダのほかに多くの応用分野が開けている．第一に，周波数が高いので，伝送する信号のキャリア（搬送波）としてマイクロ波を使えば，多くの信号をその上に載せることができ，大容量の通信が可能となる．そのため，電話やテレビをはじめ各種の信号伝送用としてマイクロ波回線は欠かせないものとなっている（**図 1・2**）．ビルの屋上や山の上に，浅いお椀を縦に立てた形のパラボラアンテナをよく見かけるが，これが全国津々浦々まで張り巡らされているマイクロ波通信回線に用いられる送受信用のアンテナである．

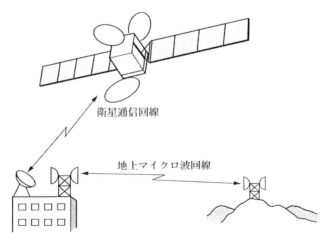

図 1・2　マイクロ波を用いた通信回線

　一方，物質を構成する分子のマイクロ波による振動・発熱現象を利用した，電子レンジなどの誘電加熱への応用は，日常生活や工業に大切な役目を果たしている．

　マイクロ波の応用は物理学方面では，電波天文の分野や粒子加速などにも重要な手段となっている．さらには医療分野にまで広がっている．

●本書の構成

　このように私たちの生活に深くかかわっているマイクロ波とはどのような性質の電磁波なのかをわかりやすく解説するのが本書の目的である．

　電磁波は電荷の振動によって発生し，発生源から離れて遠方へ伝搬していく．このときの電磁波の様子は，例えば図1・3のように，電界と磁界が必ずペアになって，互いに直角な方向に振動しながら伝搬していく．このため電磁波と呼ばれ，1秒間の振動回数が周波数である．

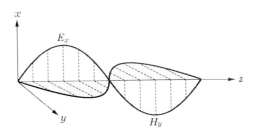

図1・3　電磁波（平面波）の電界と磁界

　マイクロ波の伝搬やマイクロ波を用いる装置について考えるとき，電界・磁界の振舞いを解析することによって伝搬の模様や装置の機能について知ることができる．しかし電磁界の振舞いを直接解析することは困難な場合が多い．そこで特にマイクロ波を伝搬する装置については，交流理論で学ぶ伝送線路の考え方を応用することにより比較的容易に知ることができる．そのため，第2章では交流理論的なマイクロ波伝送線路の考え方について述べる．

　第3章ではマイクロ波の電磁界を理解するための基礎的なことがらについて解説してある．第2〜3章では数式が幾分多くなっているが，これは説明に必要な数式を記す場合，その結果の部分のみを記すことは避け，その結果に至る

過程もできるだけ説明することにしたためである．数式の苦手な人はその結果のみを拾って進んでも差し支えない．

　第4章ではマイクロ波を伝送する具体的な線路について説明した．

　第5章ではマイクロ波を何かの目的に応用しようとするときに，伝送線路と組み合わせて用いられる各種の素子について解説してある．ここでは回路素子の原理についてわかりやすく説明した．

　第6章ではマイクロ波の発生や増幅に用いられる能動素子について，やはりその原理を把握しやすいように説明してある．

　第7章ではマイクロ波の放出として，マイクロ波で用いられる主要なアンテナの原理について説明してある．

　最終章の第8章ではマイクロ波の応用に関して，私たちの身近な応用である加熱の問題と，もうひとつは，マイクロ波による電力輸送という将来に向けた大きな問題を取り上げた．

第2章

分布定数線路

2・1　分布定数線路の考え方

　周波数がおよそ1MHz以下の低い信号を処理する回路では，R（抵抗），L（コイル），C（コンデンサ）等の回路素子は，信号の波長に比べて十分小さく，回路の入力点と出力点での時間差は無視できるので，素子や回路は一点に集中している，すなわち，集中定数素子あるいは**集中定数回路**として扱われる．しかし，周波数が高くなると，入力点と出力点間の時間差（位相差）は無視できなくなる．例えば周波数が1GHzのマイクロ波を考えると，波長は30cmであるから大きさが15cmの回路では，最も単純な場合，入力された信号は回路から出て行くときには180°位相が遅れてしまう．このようなとき回路を一点とみなすことはできないのは明らかであり，集中定数回路としては扱えなく，**分布定数回路**の考え方が必要となる．

　この考え方を**図2・1**に示すような平行2線からなる伝送線路について説明する．線路の左端に信号源が接続されており，信号源で発生した交流信号が線路

図2・1　平行2線伝送線路

に沿って右の方向へ進行していく．この線路は平行であるから電気的な特性は進行方向に一定である．2線のうち下の線は帰線（帰りの線）と呼ばれ，接地されていると考える．この線路上を信号が伝搬しているとして，交流回路理論を用いて信号の伝搬の様子を調べよう．

　線路は特性的に一様であるから，単位長さ当たりの回路定数として，抵抗をR，インダクタンスをL，コンダクタンスをG，キャパシタンスをCとすると，いずれも距離に対して変化しない定数である．信号源からの距離をzとし，線路全長を微小区間$\varDelta z$に分割すると，線路は等価的に**図 2・2**に示す回路で表すことができる．線路の電圧，電流は位置zと時間tの関数である．位置zにおける電圧を$v(z, t)$とすると，そこから$\varDelta z$だけ前後の位置における電圧および電流は図示のとおりとなる．$z \sim z + \varDelta z$区間にキルヒホッフの電圧則を，また位置$z + \varDelta z$に電流則を適用すると，次の2式が得られる．

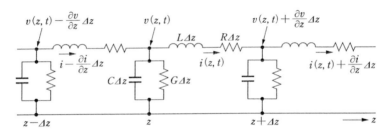

図 2・2　分布定数線路の等価回路

$$v(z, t) - v(z + \varDelta z, t) = R\varDelta z \cdot i(z, t) + L\varDelta z \cdot \frac{\partial i(z, t)}{\partial t} \qquad (2\cdot1)$$

$$i(z, t) - i(z + \varDelta z, t) = G\varDelta z \cdot v(z + \varDelta z, t) + C\varDelta z \cdot \frac{\partial v(z + \varDelta z, t)}{\partial t} \qquad (2\cdot2)$$

式 (2・1)，(2・2) の両辺を$\varDelta z$で割って，$\varDelta z \to 0$の極限をとると次の微分方程式が得られる．

$$-\frac{\partial v(z, t)}{\partial z} = L\frac{\partial i(z, t)}{\partial t} + R \cdot i(z, t) \qquad (2\cdot3)$$

$$-\frac{\partial i(z, t)}{\partial z} = C\frac{\partial v(z, t)}{\partial t} + G \cdot v(z, t) \qquad (2\cdot4)$$

これが分布定数線路に関する微分方程式である.

　ここで, 線路を伝搬する高周波 (radio frequency, 略して rf) 信号は正弦波状に変化する波動であるから, その角周波数をωとすると, 電圧vおよび電流iを次のように指数関数で表すことができる.

$$\left.\begin{array}{l} v(z, t) = \sqrt{2}\, V(z) e^{j\omega t} \\ i(z, t) = \sqrt{2}\, I(z) e^{j\omega t} \end{array}\right\} \tag{2・5}$$

ただし$V(z)$, $I(z)$は時間tに無関係で, zのみに依存する複素量 (位相をもつ量) であり, それらの絶対値はそれぞれ電圧, 電流の実効値を表す. 式 (2・5) を式 (2・3), (2・4) に代入すると,

$$(R + j\omega L) I(z) = -\frac{dV(z)}{dz} \tag{2・6}$$

$$(G + j\omega C) V(z) = -\frac{dI(z)}{dz} \tag{2・7}$$

　これらの式に現れる$R + j\omega L$および$G + j\omega C$は図2・2を参照すると, それぞれ線路の単位長さ当たりの直列インピーダンスおよび並列アドミタンスであるから, 次のようにおく.

$$Z = R + j\omega L, \quad Y = G + j\omega C \tag{2・8}$$

さて, 式 (2・6), (2・7) から$I(z)$を消去すると, 次式が得られる.

$$\frac{d^2 V(z)}{dz^2} = ZY V(z) \tag{2・9}$$

式 (2・9) の解は次の式となる.

$$V(z) = A e^{-\gamma z} + B e^{\gamma z} \tag{2・10}$$

ここでA, Bは線路の境界条件によって決まる定数である. またγは**伝搬定数**と呼ばれ, 次の式で与えられる.

$$\gamma = \sqrt{ZY} = \sqrt{(R + j\omega L)(G + j\omega C)} \tag{2・11}$$

　また, γを実数部αと虚数部βに分けて次のように表す.

$$\gamma = \alpha + j\beta \tag{2・12}$$

αは線路単位長さ当たりの減衰率を与える**減衰定数**, βは同じく位相変化を与える**位相定数**である. 線路の損失が小さい場合は$R/\omega L \ll 1, G/\omega C \ll 1$とおけるから, α, βは次のように近似できる.

$$\alpha = \frac{R}{2}\sqrt{\frac{C}{L}} + \frac{G}{2}\sqrt{\frac{L}{C}} \quad （減衰定数） \tag{2・13}$$

$$\beta = \omega\sqrt{LC} \qquad （位相定数） \tag{2・14}$$

電流 $I(z)$ については，式 (2・6)，(2・7) から $V(z)$ を消去することにより得られ，次の式となる．

$$I(z) = \sqrt{\frac{Y}{Z}}\,(Ae^{-\gamma z} - Be^{\gamma z}) \tag{2・15}$$

式 (2・10) および (2・15) はそれぞれ線路上 z における電圧および電流の振幅と位相の変化を示す式であり，これらに $e^{j\omega t}$ を掛けたものが波動の時間も含めた変化を示す．なお，**3・3** 節で詳しく説明するが，これらの式で，$-\gamma$ を含む項は z の＋方向へ進行する前進波（入射波）を，$+\gamma$ を含む項は $-z$ 方向に進む後進波（反射波）を，それぞれ表している．

2・2　分布定数線路上の波動の伝搬特性

式 (2・10) および (2・15) において，前進波，後進波にそれぞれ添字 i, r を付けて表す（$V(z) = V_i(z) + V_r(z)$, $I(z) = I_i(z) - I_r(z)$）．前進波の電圧と電流の比をとり Z_0 とおくと，

$$V_i(z)/I_i(z) = \sqrt{Z/Y} = Z_0 \tag{2・16}$$

となる．これは線路の特性によって決まる量であり，**特性インピーダンス**と名づけ，Z_0 で表す．線路の損失が十分小さいときは，

$$Z_0 = \sqrt{L/C} \tag{2・17}$$

と近似できて，実数となる．

　線路が＋z 方向に無限に延びている場合を考えよう．式 (2・10) および (2・15) の各右辺第 2 項は γ の損失項が 0 でない場合は，z が無限大のとき無限大となってしまう．このようなことは実際にはないので，線路が無限長の場合は第 2 項は 0 とならなければならない．したがって，式 (2・10) および (2・15) は次のようになる．

$$V(z) = Ae^{-\gamma z} = Ae^{-(\alpha+j\beta)z}$$
$$I(z) = \frac{A}{Z_0}e^{-\gamma z} = Ae^{-(\alpha+j\beta)z}$$

$$(2\cdot18)$$

すなわち，反射波は存在しない．この場合，線路上の波はある瞬間において**図 2・3**に示す形になる．線路上の波の波長を λ_g で表すと，λ_g は前節の位相定数 β の定義から βz が波の 1 周期 2π に等しくなる z の値であるから，

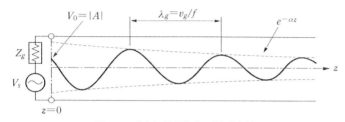

図 2・3 分布伝送線路上の電圧波形

$$\lambda_g = 2\pi/\beta \tag{2・19}$$

（添字の g は，マイクロ波の線路を wave guide と呼ぶので guide の g を用いたものである．一般に，自由空間における波長とは異なる．）

波の周波数を f とし，線路上を波が伝搬する速度（これは後の章で詳しく述べるが，**位相速度**という）を v_p とすると，$f\lambda_g = v_p$ であるから，式 (2・19) を用いて，

$$v_p = 2\pi f/\beta = \omega/\beta = 1/\sqrt{LC} \tag{2・20}$$

となる．また波の振幅は減衰定数 α により，$e^{-\alpha z}$ に従って減衰していく．

2・3 反射係数

線路が有限の長さ l の場合を考えよう．**図 2・4**に示すように，線路の終端 $(z = l)$ には一般に負荷として Z_L なるインピーダンスが接続されているとする．このようなときは，特殊な場合を除いて，電源（送信端）から伝搬してきた波の一部または全部が，負荷により反射されて電源側へ戻っていく．どの程度反射されるかを，負荷との関係で調べる．反射がある場合は式 (2・10) および (2・15) を使う必要がある．

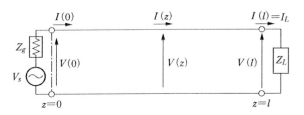

図 2・4　分布伝送線路終端に負荷をつないだ場合の線路の電圧・電流

　先に述べた波の前進波（入射波），後進波（反射波）の記号を使って式（2・10）
および（2・15）を書き直すと，次のようになる.

$$V(z) = Ae^{-\gamma z} + Be^{\gamma z} = V_i(z) + V_r(z) \tag{2・21}$$

$$I(z) = [Ae^{-\gamma z} - Be^{\gamma z}]/Z_0 = [V_i(z) - V_r(z)]/Z_0 \tag{2・22}$$

すなわち，各項ごとに次の関係がある.

$$\left.\begin{array}{ll} V_i(z) = Ae^{-\gamma z}, & V_r(z) = Be^{\gamma z} \\ I_i(z) = Ae^{-\gamma z}/Z_0, & I_r(z) = Be^{\gamma z}/Z_0 \end{array}\right\} \tag{2・23}$$

負荷の電圧反射率は，$z = l$ における V_i と V_r の比で与えられるから，

$$\Gamma(l) = \frac{V_r(l)}{V_i(l)} = \frac{Be^{\gamma l}}{Ae^{-\gamma l}} = \frac{B}{A}e^{2\gamma l} \tag{2・24}$$

となる. Γ（ギリシャ文字のガンマの大文字）のことを**反射係数**と呼ぶ. なお，
任意の位置 z における V_i と V_r の比も z における反射係数と呼ばれる. すなわ
ち，

$$\Gamma(z) = \frac{V_r(z)}{V_i(z)} = \frac{B}{A}e^{2\gamma z} \tag{2・25}$$

　式（2・21），（2・22）において $z = l$ とおいて得られる式と，$V(l) = Z_L I(l)$
なる関係を用いると，B/A が次のように求まる.

$$\frac{B}{A} = \frac{Z_L - Z_0}{Z_L + Z_0}e^{-2\gamma l} \tag{2・26}$$

この関係を用いると，$\Gamma(l)$，$\Gamma(z)$ はそれぞれ次の式となる.

$$\Gamma(l) = \frac{Z_L - Z_0}{Z_L + Z_0} \tag{2・27}$$

$$\Gamma(z) = \frac{Z_L - Z_0}{Z_L + Z_0} e^{-2\gamma(l-z)} = \Gamma(l) e^{-2\gamma(l-z)} \tag{2·28}$$

式 (2·27)，(2·28) より次のようなことがわかる．

(1)　負荷が線路の特性インピーダンスと等しいとき ($Z_L = Z_0$)，$\Gamma(z) = 0$ となり反射は生じない．

(2)　負荷を短絡すると ($Z_L = 0$)，$\Gamma(l) = -1$ であるから，反射波は入射波に対し，振幅が逆になって（位相が 180°ずれて），全反射する．この場合のある瞬間における入射波と反射波の位相関係を**図 2·5** (a) に示す．

(3)　負荷を開放すると ($Z_L = \infty$)，$\Gamma(l) = 1$ となるから，入射波は同じ位相で全反射する．この場合のある瞬間における入射波と反射波の位相関係の様子を同図 (b) に示してある．

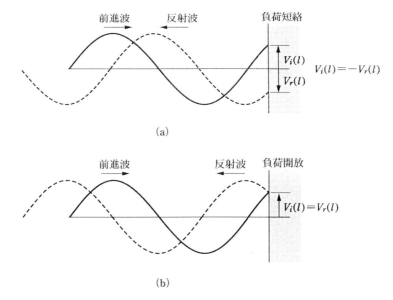

図 2·5　負荷を短絡あるいは開放したときの前進波と反射波（後進波）の電圧波形

2·4　定　在　波

線路の受信端（終端）に限らず，線路の途中でも，その点から負荷側を見たインピーダンスが Z_0 に等しくない場合は，反射が生じる．このように，なん

らかの原因で反射波が存在するとき，反射波と入射波が重なって，線路上には見かけ上，進行しない波が現れる．これを**定在波**といい，その様子を**図 2·6**に示す．定在波はその山と谷の位置は一定であるが，同図より推定できるように山の振幅は信号の周波数で上下に振動している．

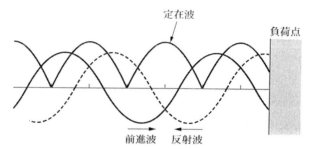

図 2·6　前進波と反射波（後進波）による電圧定在波の形成

いま，無損失線路を考え，$\gamma = j\beta$ とおき，反射係数を使って電圧式を書き換えると，次式となる．

$$V(z) = Ae^{-j\beta z}[1+\Gamma(z)] = Ae^{-j\beta z}[1+\Gamma(l)e^{-j2\beta(l-z)}] \qquad (2\cdot29)$$

この式の両辺の絶対値をとると，

$$|V(z)| = |A|\cdot|1+\Gamma(z)| = |A|\cdot|1+\Gamma(l)e^{-j2\beta(l-z)}| \qquad (2\cdot30)$$

ここで，$\Gamma(l) = |\Gamma(l)|e^{j\theta}$ と書き直して，式 (2·30) の右辺を変形すると，

$$|V(z)| = |A|\sqrt{1+|\Gamma(l)|^2+2|\Gamma(l)|\cos[\theta-2\beta(l-z)]} \qquad (2\cdot31)$$

したがって $|V(z)|$ の最大値（$\cos[\theta-2\beta(l-z)] = 1$ のとき），最小値（$\cos[\theta-2\beta(l-z)] = -1$ のとき）およびそれらを与える z の値は次のようになる．

$$|V(z)|_{\max} = |A|[1+|\Gamma(l)|], \quad z_{\max} = l+\frac{2\pi n-\theta}{2\beta} \qquad (2\cdot32)$$

$$|V(z)|_{\min} = |A|[1-|\Gamma(l)|], \quad z_{\min} = l+\frac{(2n+1)\pi-\theta}{2\beta} \qquad (2\cdot33)$$

したがって，定在波の周期（隣り合う山と山あるいは谷と谷の間隔）は

$$2\pi/2\beta = \lambda_g/2 \qquad (2\cdot34)$$

すなわち，線路を伝搬する波の波長の 1/2 となる．このことを考慮して，式 (2·30) をプロットすると，**図 2·7** のようになる．定在波を測定することにより，線路を伝搬する波の波長（一般には自由空間での波長とは異なる）や，

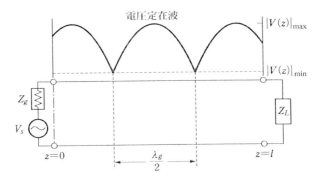

図 2·7　電圧定在波比の定義

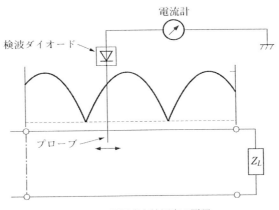

図 2·8　電圧定在波測定の原理

以下に述べるように反射係数を知ることができる．定在波測定の概念図を図 2·8 に示す．線路に沿って，検波ダイオードを接続した探針（プローブ）を移動させると，各位置で定在波電圧の 2 乗に比例した検波電流が流れる．これをプロットすると，図 2·7 に示したような波形が得られる．

定在波の $|V|_{\max}$ と $|V|_{\min}$ の比を ρ（ギリシャ文字，ロー）とおいて，

$$\rho = |V|_{\max}/|V|_{\min} \tag{2·35}$$

これを**電圧定在波比**と呼ぶ．式 (2·32)，(2·33) より，

$$\rho = \frac{1+|\varGamma(l)|}{1-|\varGamma(l)|} = \frac{1+|\varGamma(z)|}{1-|\varGamma(z)|} \tag{2·36}$$

したがって，

$$|\Gamma(l)| = |\Gamma(z)| = \frac{\rho - 1}{\rho + 1} \tag{2·37}$$

こうして，電圧定在波比が測定できれば，反射係数の大きさ（絶対値）が求まる．また電圧定在波の最大値あるいは最小値の位置が測定できれば，式 (2·32)，(2·33) より反射係数の位相角 θ が定まるから，反射係数は $\Gamma(l) = |\Gamma(l)|e^{j\theta}$ として求まる．通常は図 2·7 からもわかるように，波形がシャープになっていてその位置が測定しやすい電圧定在波の最小値の方を求める．

2·5　線路のインピーダンス

式 (2·27) より Z_L を求めると，

$$Z_L = Z_0 \frac{1 + \Gamma(l)}{1 - \Gamma(l)} \tag{2·38}$$

すなわち，負荷の反射係数が求まれば線路の特性インピーダンスに対する負荷インピーダンスの比 Z_L/Z_0 がわかる．これを負荷の**正規化インピーダンス**という．また，線路上任意の位置 z における電圧と電流の比をその位置におけるインピーダンス $Z(z)$ とみなすと，式 (2·21)，(2·22)，(2·25) より，$Z(z)$ は次のように表される．

$$Z(z) = \frac{V(z)}{I(z)} = Z_0 \frac{1 + \Gamma(z)}{1 - \Gamma(z)} \tag{2·39}$$

すなわち，z における反射係数がわかれば，その位置における線路の正規化インピーダンスが求まる．

2·6　分布定数線路の 2 端子対回路としての扱い

交流回路は，一般に信号入力（励振）のための端子と信号出力（応答）のための端子をもっており，各端子は通常 2 端子からなるので，**2 端子対回路**と呼ばれる．**図 2·9** に示すように，入力電圧，電流を V_1, I_1, 出力電圧，電流を V_2, I_2 とする（I_2 は回路に入る向きを＋とする）．交流回路の特性をこれら入出力の

図 2・9　2 端子対回路

電圧・電流の線形な関係として表し，その関係を決める 4 個のパラメータを 2
端子対パラメータと呼ぶ．電圧・電流 4 個の変数のどの 2 つを独立変数にする
かによって，6 種類の組合せがあるから，2 端子対パラメータも 6 種類ある．
図 2・10 に 6 種類のパラメータを用いた場合のそれぞれの回路表示と，関係式
を示した．基本的な分類は次の 3 つである．

（1）　Z パラメータ：入出力電圧 V_1，V_2 を入出力電流 I_1，I_2 の関数として表
　　　したときのパラメータ Z_{11}，Z_{12}，Z_{21}，Z_{22} が Z パラメータであり，インピー
　　　ダンスの次元をもつ（図 2・10（a））．インピーダンスパラメータという．

（2）　h パラメータ：入力電圧 V_1 と出力電流 I_2 を入力電流 I_1 と出力電流 V_2

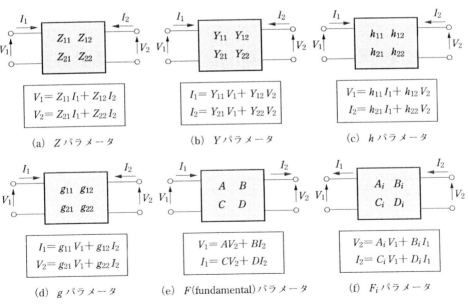

図 2・10　6 種類の 2 端子対回路

の関数として表したときのパラメータ h_{11}, h_{12}, h_{21}, h_{22} が h パラメータ（図 2·10 (c)）．ハイブリッドパラメータ ともいう．

(3) F パラメータ：入力電圧，電流 V_1, I_1 を出力電圧，電流 V_2, I_2 の関数として表したときのパラメータ A, B, C, D が F パラメータ（図 2·10 (e)）．この場合は出力端子電流の向きは回路から出る方向を＋とする．

　残る 3 種類のパラメータはこれらの関数の独立変数と従属変数を入れ替えた逆関係を表すパラメータである．すなわち，(b) の Y パラメータは (a) の Z パラメータを用いた関係の逆の関係であり，アドミタンスの次元をもつ．また (d) の g パラメータは (c) の h パラメータの逆関係，(f) の F_i パラメータは (e) の F パラメータの逆関係をそれぞれ示すパラメータである．

図 2·11 分布定数線路の 2 端子対表示

図 2·11 は分布定数線路を 2 端子対回路として表してある．線路上の電圧，電流は式 (2·21)，(2·22) で与えられるが，出力（受信端）側の＋の電流の向きが逆であることに注意が必要である．ここで，分布定数線路の Z パラメータを求めてみよう．線路長を l，線路の特性インピーダンスを Z_0 とすると，式 (2·21)，(2·22) において，$z = 0$ および $z = l$ とおくことにより，入出力端の電圧，電流となるから，

$$\left.\begin{array}{ll} V_1 = A + B, & I_1 = (A - B)/Z_0 \\ V_2 = Ae^{-\gamma l} + Be^{\gamma l}, & I_2 = -(Ae^{-\gamma l} - Be^{\gamma l})/Z_0 \end{array}\right\} \quad (2\cdot40)$$

I_1, I_2 の式から A, B を求め，V_1, V_2 の式に代入すると，次式を得る．

$$\left.\begin{array}{l} V_1 = Z_0 \dfrac{\cosh \gamma l}{\sinh \gamma l} I_1 + Z_0 \dfrac{1}{\sinh \gamma l} I_2 \\[3mm] V_2 = Z_0 \dfrac{1}{\sinh \gamma l} I_1 + Z_0 \dfrac{\cosh \gamma l}{\sinh \gamma l} I_2 \end{array}\right\} \quad (2\cdot41)$$

ただし，cosh（ハイパボリック・コサイン），sinh（ハイパボリック・サイン）は次の式で定義される．

$$\cosh x = \frac{e^x + e^{-x}}{2}, \quad \sinh x = \frac{e^x - e^{-x}}{2} \tag{2·42}$$

式（2·41）を行列で表すと，次のようになる．

$$\begin{bmatrix} V_1 \\ V_2 \end{bmatrix} = \begin{bmatrix} Z_0 \dfrac{\cosh \gamma l}{\sinh \gamma l} & Z_0 \dfrac{1}{\sinh \gamma l} \\ Z_0 \dfrac{1}{\sinh \gamma l} & Z_0 \dfrac{\cosh \gamma l}{\sinh \gamma l} \end{bmatrix} \begin{bmatrix} I_1 \\ I_2 \end{bmatrix} \tag{2·43}$$

式（2·43）の右辺左側マトリクスの4個のパラメータが Z パラメータである．線路が無損失の場合，$\gamma = j\beta$ とおいて，$\cosh \gamma l = \cos \beta l$, $\sinh \gamma l = j \sin \beta l$ であるから，式（2·43）は次の式となる．

$$\begin{bmatrix} V_1 \\ V_2 \end{bmatrix} = \begin{bmatrix} -jZ_0 \cot \beta l & -jZ_0/\sin \beta l \\ -jZ_0/\sin \beta l & -jZ_0 \cot \beta l \end{bmatrix} \begin{bmatrix} I_1 \\ I_2 \end{bmatrix} \tag{2·44}$$

次に，複数の線路を縦続接続した場合に取扱いに便利な **F パラメータ**がある．**図 2·12** に2つの2端子対回路を縦続接続した例を示す．縦続接続した場合は，各回路の出力電流は，その回路から流れ出る方向にとったほうが便利であるから，図 2·10 (e) と対応させて式を立てるとき，出力電流の符号を変える必要がある．F パラメータの求め方は次のとおりである．

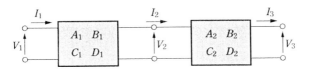

図 2·12　2端子対回路の縦続接続

式（2·40）の V_2 および I_2 を与える式から A，B を求め，V_1 および I_1 を与える式に代入すると，次の2式が得られる．

$$\left. \begin{array}{l} V_1 = V_2 \cosh \gamma l + (-I_2)Z_0 \sinh \gamma l \\ I_1 = V_2 \dfrac{\sinh \gamma l}{Z_0} + (-I_2)\cosh \gamma l \end{array} \right\} \tag{2·45}$$

マトリクスで表すと，

$$\begin{bmatrix} V_1 \\ I_1 \end{bmatrix} = \begin{bmatrix} \cosh \gamma l & Z_0 \sinh \gamma l \\ \dfrac{\sinh \gamma l}{Z_0} & \cosh \gamma l \end{bmatrix} \begin{bmatrix} V_2 \\ -I_2 \end{bmatrix} \tag{2·46}$$

図 2·12 に示したように，2 つの回路の F パラメータを A_1, B_1, C_1, D_1 および A_2, B_2, C_2, D_2 とすると，第 1 および第 2 の回路について，それぞれ次の式が成り立つ．

$$\begin{bmatrix} V_1 \\ I_1 \end{bmatrix} = \begin{bmatrix} A_1 & B_1 \\ C_1 & D_1 \end{bmatrix} \begin{bmatrix} V_2 \\ I_2 \end{bmatrix} \tag{2·47}$$

$$\begin{bmatrix} V_2 \\ I_2 \end{bmatrix} = \begin{bmatrix} A_2 & B_2 \\ C_2 & D_2 \end{bmatrix} \begin{bmatrix} V_3 \\ I_3 \end{bmatrix} \tag{2·48}$$

式 (2·47) 右辺第 2 項に (2·48) を代入すると，次のように，2 つの回路を縦続接続したときの総合の F パラメータが求まる．

$$\begin{bmatrix} V_1 \\ I_1 \end{bmatrix} = \begin{bmatrix} A_1 & B_1 \\ C_1 & D_1 \end{bmatrix} \begin{bmatrix} A_2 & B_2 \\ C_2 & D_2 \end{bmatrix} \begin{bmatrix} V_3 \\ I_3 \end{bmatrix}$$
$$= \begin{bmatrix} A_1 A_2 + B_1 C_2 & A_1 B_2 + B_1 D_2 \\ C_1 A_2 + D_1 C_2 & C_1 B_2 + D_1 D_2 \end{bmatrix} \begin{bmatrix} V_3 \\ I_3 \end{bmatrix} \tag{2·49}$$

式 (2·49) 最右辺左側のマトリクスの 4 個のパラメータが，総合した回路の F パラメータである．3 つ以上の 2 端子対回路が縦続接続されている場合も同様の計算を繰り返すことにより，総合した回路の F パラメータが容易に求められる．

2·7　2 端子対回路表現の応用

① インピーダンス変換

前節で F パラメータの一般的な応用について，ひとつの例を示したが，分布定数線路を 2 端子対回路表現したとき，以下に示すような便利な使い方がある．

出力端に負荷 Z_L が接続されている場合，図 2·10 中の F パラメータ A, B, C, D を使った式より，$Z_L = V_2/I_2$ であるから，入力（送信）端から見たインピーダンス（入力インピーダンス）は次の式で与えられる．

$$Z_{\mathrm{in}} = \frac{V_1}{I_1} = \frac{A V_2 + B I_2}{C V_2 + D I_2} = \frac{A Z_L + B}{C Z_L + D} \tag{2・50}$$

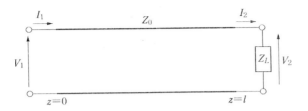

図 2・13　分布定数線路の2端子対表示

　この関係を分布定数線路に適用してみよう．**図 2・13** に示すように，特性イ
ンピーダンス Z_0，長さ l の無損失線路の受信端に負荷 Z_L が接続されている．
式 (2・50) の A，B，C，D に式 (2・46) の F パラメータを代入すると次式を得
る．

$$Z_{\mathrm{in}} = Z_0 \frac{Z_L \cos\beta l + j Z_0 \sin\beta l}{j Z_L \sin\beta l + Z_0 \cos\beta l} = Z_0 \frac{Z_L + j Z_0 \tan\beta l}{Z_0 + j Z_L \tan\beta l} \tag{2・51}$$

ただし，$\gamma = j\beta$ とした．

出力端を短絡した場合

　$Z_L = 0$ であるから，式 (2・51) は

$$Z_{\mathrm{in}} = j Z_0 \tan\beta l \tag{2・52}$$

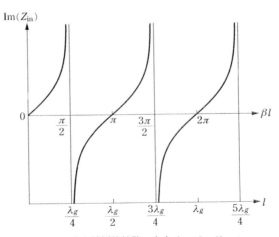

図 2・14　出力端短絡線路の入力インピーダンス

　すなわち，無損失線路では Z_0 は純抵抗であるから，終端短絡線路の入力イ
ンピーダンスは純リアクタンスとなり，その大きさは線路長 l に応じて**図 2・14**
のように，λ_g を線路を伝搬する波の波長として，$l > \lambda_g/4$ では $\lambda_g/2$ ごとに同
じ値を繰り返す．したがって，線路長を選ぶことにより入力インピーダンスを
0 から∞までの任意のリアクタンスの値に設定できる．また，図 2・14 は次の
ように見ることもできる．入力インピーダンスは線路上任意の点から終端側を
見たインピーダンスと考えることができるから，短絡した終端からの距離が
$\lambda_g/4$ の奇数倍の点のインピーダンスは∞，すなわち，その点は開放されてい
るとみなすことができる．一方，終端からの距離が $\lambda_g/2$ の整数倍の点のイン
ピーダンスは 0，すなわち，その点は短絡されているとみなすことができる．

●半波長線路の場合

　線路長が $\lambda_g/2$ の整数倍のときは（$\beta l = (2\pi/\lambda_g) \cdot (n\lambda_g/2) = n\pi$，$n$：整数で
あるから），$\tan \beta l = 0$ となり，任意の負荷 Z_L に対して，式 (2・51) より，

$$Z_{in} = Z_L \qquad (l = \lambda_g/2) \tag{2・53}$$

したがって一般には次のことが成り立つ．

> 線路長が半波長の整数倍のとき，入力インピーダンスは負荷インピー
> ダンスに等しくなる（図 2・15）．

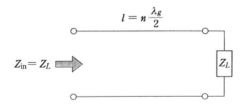

図 2・15　半波長の整数倍の線路

●出力端を開放した場合

　$Z_L = \infty$ であるから，式 (2・51) より，

$$Z_{in} = -jZ_0 \cot \beta l \tag{2・54}$$

この場合は図 2・14 の曲線を横方向に $\pi/2$ だけシフトした関係となるので，
終端短絡の場合と同様なことがいえる．しかし，マイクロ波回路の場合，終端

を構造的に開放したときは，そこからなにがしかの電磁波が空間に放射され，電気的開放状態にはならない（**図2·16**）．したがって，電気的に開放状態を作りたい場合は，前述の容易に作ることのできる短絡終端から $\lambda_g/4$ の奇数倍の点のインピーダンスが ∞ になることを利用すればよい．

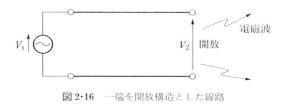

図2·16 一端を開放構造とした線路

1/4波長線路の場合

線路長が $l = \lambda_g/4$（の奇数倍）の場合は，$\beta l = (2n+1)\pi/2$ となるから，$\tan\beta l = \pm\infty$，したがって，式（2·51）より，次の関係が得られる．

$$Z_{in} = Z_0^2/Z_L \tag{2·55}$$

この関係で表される Z_{in} と Z_L の関係は Z_0 に関し互いに**逆回路**，あるいは**反転**の関係であるという．例えば，負荷がインダクタンスであるとすると $Z_L = j\omega L$，したがって，$Z_{in} = Z_0^2/j\omega L = 1/j\omega C$（$C = L/Z_0^2$）と書き直せば，$Z_{in}$ はキャパシタンスとなる．逆の場合も同様である．すなわち，

> **線路長が1/4波長の奇数倍のとき，入力インピーダンスと負荷インピーダンスは，互いに逆回路となる．**

逆回路を一般化すると，次のようになる．ある回路が抵抗 R，インダクタンス L，キャパシタンス C から成っている場合，その回路の R_0 に関する逆回路

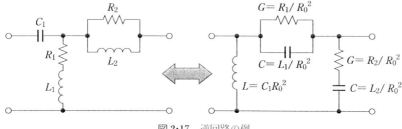

図2·17 逆回路の例

は，R をコンダクタンス G に，L を C に，C を L にそれぞれ式（2·55）の関係（ただし Z_0 を R_0 におきかえる）を使って変換し，同時に並列回路は直列回路に，直列回路は並列回路に，それぞれ変換したものである．

図 **2·17** に逆回路の作り方の一例を示した．

❷ インピーダンス整合

線路終端の負荷が伝搬してきた波を反射している場合，その負荷は線路と整合していないという．この不整合による反射があると送信電力が無駄になるし，送信側に悪影響を与えることもある．前項で，受信端を短絡した線路では線路長を変えることにより任意のリアクタンスが得られることがわかった．この性質を利用して反射波を打ち消す方法を述べよう．

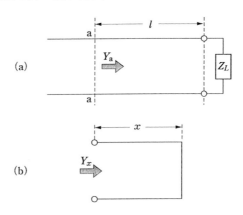

図 2·18　不整合負荷をもった線路(a)と終端短絡線路(b)

図 **2·18**（a）のように，負荷インピーダンス Z_L の接続された線路を考える．負荷より l の位置 a のインピーダンスは式（2·51）で与えられるから，これを Z_a とし，以降の計算の便宜のために，その逆数であるアドミタンス Y_a を計算する．すなわち，

$$Y_a = \frac{1}{Z_a} = \frac{1}{Z_0}\frac{Z_0 + jZ_L \tan\beta l}{Z_L + jZ_0 \tan\beta l} \tag{2·56}$$

Z_L は一般に複素数であるが，ここでは Z_L が実数，すなわち純抵抗の場合について述べる．（Z_0 も実数と仮定している）

式 (2·56) において, Z_L を Z_0 で除し (正規化) たものを z_l とおき, 分数式を有理化すると, 次式が得られる.

$$Y_a = \frac{1}{Z_0} \frac{z_l(1+\tan^2\beta l) + j\tan\beta l(z_l^2-1)}{z_l^2+\tan^2\beta l} \qquad (2\cdot57)$$

Y_a を

$$Y_a = (g+jb)/Z_0 \qquad (2\cdot58)$$

と書き表すと, g および b は正規化されたコンダクタンスおよびサセプタンスである.

いま点 a と負荷の距離 l を変化させて g を 1 に等しくできたとしよう. そのとき,

$$Y_a = 1/Z_0 + jb'/Z_0 \qquad (2\cdot59)$$

である. ここで, 特性インピーダンスが Z_0 に等しい別の線路を用意する (図 2·18 (b)). その一端を短絡し線路の長さを変化させると, 前項で述べたことから他端からのインピーダンスを jZ_0/b' に等しくすることができる. このインピーダンスの逆数 (アドミタンス) は式 (2·59) のサセプタンスの符号を変えた値に等しい. このように調整した線路を**図 2·19** のように, 元の線路 (図 2·18 (a) の線路) の a 点に並列に接続すると, 点 a における合成アドミタンスはサセプタンス部が打ち消しあって, $Y_a = 1/Z_0$ となる. すなわち, 合成のインピーダンスは Z_0 となり, 元の線路の特性インピーダンスに等しくなる. すなわち, a 点には線路の特性インピーダンスに等しい負荷 Z_0 がつながれた場合と同じことになるから, 見かけ上反射はなくなる. このような状態を整合がとれた状態という.

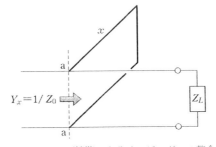

図 2·19　スタブ線路によるインピーダンス整合

g を 1 に等しくするには，式 (2·57) から，

$$z_l(1+\tan^2\beta l)/(z_l^2+\tan^2\beta l) = 1$$

であるから $z_l = \tan^2\beta l$，したがって，

$$\beta l = \tan^{-1}\sqrt{z_l} = \tan^{-1}\sqrt{Z_L/Z_0} \tag{2·60}$$

となるように l を選べばよい．このように元の線路に並列に接続する別の線路を**スタブ**と呼ぶ．

以上は Z_L が実数の場合について述べた．Z_L が複素数の場合は式の演算が繁雑になるので省略するが，後に述べるスミスチャートを用いれば容易に解決することができる．その方法は演習問題としたので，参照してほしい．

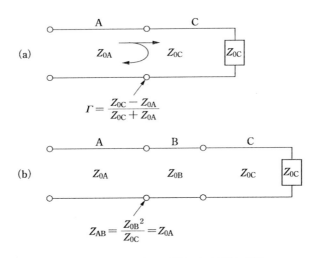

図 2·20　インピーダンス反転による線路の整合

次に，インピーダンス反転の原理を応用した，2 つの異なる線路の整合を考えよう．いま**図 2·20** (a) のように，終端にその線路の特性インピーダンス Z_{0C} に等しい負荷をつないだ線路 C があり，これに特性インピーダンス Z_{0A} の別の線路 A を接続したい．直接接続すると，図示のように接続点の反射係数が 0 ではないから，反射が生じる．そこで，もうひとつの線路 B を用意し，その特性インピーダンスを Z_{0B}，長さを $\lambda_g/4$（4 分の 1 波長）の奇数倍とする．これを A と C の間に入れると，B の左端から右を見たインピーダンス Z_{AB} は式 (2·55) より，

$$Z_{AB} = Z_{0B}{}^2/Z_{0C}$$

したがって，Z_{AB} が Z_{0A} に等しくなるように Z_{0B} を選べば，A と B の接続点での反射はなくなり，線路 A の左端の入力インピーダンスは Z_{0A} となり，整合が取れたことになる．そのとき Z_{0B} は次の式で求まる．

$$Z_{0B} = \sqrt{Z_{0A}Z_{0C}} \tag{2·61}$$

2·8　散乱行列（S マトリクス）

これまでマイクロ波伝送線路を分布定数線路としてわかりやすくするため，平行 2 線のイメージで説明してきたが，後の章で明らかになるように，実際のマイクロ波では線路上の電圧 V や電流 I という量は直接測定可能な場合は限られており，またそれらの量を一義的に定義することもできない場合がある．そこで，一般的に測定可能な電力の伝送や反射に関する**スキャタリング・パラメータ**（scattering parameter：S パラメータ）を用いた **S マトリクス**が考え出された．

$a(z)$ および $b(z)$ を式（2·23）で与えられる伝送線路の前進波および後進波電圧・電流を用いて次のように定義する．

$$\left. \begin{aligned} a(z) &= V_i(z)/\sqrt{Z_0} = I_i(z)\sqrt{Z_0} \\ b(z) &= V_r(z)/\sqrt{Z_0} = I_r(z)\sqrt{Z_0} \end{aligned} \right\} \tag{2·62}$$

すなわち，$a(z)$ および $b(z)$ はそれぞれ線路の前進波および後進波に関する量である．

これらの式の両辺の絶対値を 2 乗すると，

$$\left. \begin{aligned} |a(z)|^2 &= |V_i(z)|^2/Z_0 = |I_i(z)|^2 Z_0 \\ |b(z)|^2 &= |V_r(z)|^2/Z_0 = |I_r(z)|^2 Z_0 \end{aligned} \right\} \tag{2·63}$$

となる．すなわち，$a(z)$ および $b(z)$ の絶対値の 2 乗は，それぞれ前進波（入射波）および後進波（反射波）電力となる．また，式（2·62）より全電圧 $V(z)$ および全電流 $I(z)$ を $a(z)$，$b(z)$ で表すと，

$$\left. \begin{aligned} V(z) &= [a(z)+b(z)]\sqrt{Z_0} \\ I(z) &= [a(z)-b(z)]/\sqrt{Z_0} \end{aligned} \right\} \tag{2·64}$$

このように入射波および反射波の電力が測定でき，またその伝送線路の特性

インピーダンスがわかっていれば，その線路の電圧，電流を定義することができる．さらに式 (2・64) より，$a(z)$ および $b(z)$ が全電圧・電流の関数として，

$$a(z) = \frac{1}{2}\left[\frac{V(z)}{\sqrt{Z_0}} + I(z)\sqrt{Z_0}\right]$$
$$b(z) = \frac{1}{2}\left[\frac{V(z)}{\sqrt{Z_0}} - I(z)\sqrt{Z_0}\right]$$

(2・65)

のように求まる．

$a(z)$ および $b(z)$ を用いて，伝送線路についてこれまでに求めたいろいろな量を表してみよう．

反射係数 Γ は次のようになる．

$$\Gamma(z) = \frac{V_r(z)}{V_i(z)} = \frac{b(z)\sqrt{Z_0}}{a(z)\sqrt{Z_0}} = \frac{b(z)}{a(z)}$$

(2・66)

すなわち，反射係数は $a(z)$ および $b(z)$ から直接求まる．ただし，後の議論から明らかになるが，2端子対回路においては $b(z)$ は $a(z)$ の一部が反射した量ではないことに注意が必要である．

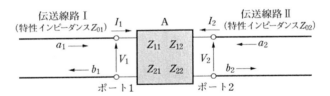

図 2・21 S マトリクスの導入

次に，2端子対パラメータのひとつ，Z パラメータとの関係をみよう．**図 2・21** のように2つの伝送線路 I と II が，回路 A の入力側と出力側に接続されているとする．伝送線路 I と II の特性インピーダンスをそれぞれ Z_{01} および Z_{02}，回路 A の Z パラメータを Z_{11}, Z_{12}, Z_{21}, Z_{22} とする．いま，線路 I から A に入射する波を a_1，A から線路 I に出る波を b_1，線路 II から A に入る波を a_2，A から線路 II に出る波を b_2 とする．そうすると，式 (2・64) より，

$$V_1 = \sqrt{Z_{01}}\,(a_1 + b_1)$$
$$V_2 = \sqrt{Z_{02}}\,(a_2 + b_2)$$

(2・67)

$$\left.\begin{array}{l} I_1 = (a_1 - b_1)/\sqrt{Z_{01}} \\ I_2 = (a_2 - b_2)/\sqrt{Z_{02}} \end{array}\right\} \tag{2・68}$$

が成り立つ. 一方, A の入出力端子の電圧, 電流 V_1, I_1, V_2, I_2 の間には Z パラメータを用いて次の関係がある (図 2・10(a)).

$$\begin{bmatrix} V_1 \\ V_2 \end{bmatrix} = \begin{bmatrix} Z_{11} & Z_{12} \\ Z_{21} & Z_{22} \end{bmatrix} \begin{bmatrix} I_1 \\ I_2 \end{bmatrix} \tag{2・69}$$

式 (2・67), (2・68) を式 (2・69) に代入して計算を実施すると, 結局, 次式の形にまとめることができる.

$$\left.\begin{array}{l} b_1 = S_{11}\,a_1 + S_{12}\,a_2 \\ b_2 = S_{21}\,a_1 + S_{22}\,a_2 \end{array}\right\} \tag{2・70}$$

この式の右辺の係数 S_{11}, S_{12}, S_{21}, S_{22} が回路の S パラメータである. また, 式 (2・70) をマトリクスの形に表したときの係数 S_{ij} の項を S マトリクスという. 式 (2・70) から S パラメータは次のようにして求まる.

$$S_{11} = \left.\frac{b_1}{a_1}\right|_{a_2=0}, \quad S_{12} = \left.\frac{b_1}{a_2}\right|_{a_1=0}, \quad S_{21} = \left.\frac{b_2}{a_1}\right|_{a_2=0}, \quad S_{22} = \left.\frac{b_2}{a_2}\right|_{a_1=0} \tag{2・71}$$

すなわち, S_{11} は図 2・21 における出力端 (ポート 2) への入射波をなくしたときの入力端 (ポート 1) の反射係数であり, S_{21} はそのときの入力端から出力端への透過係数である. また, S_{12} および S_{22} は入力端からの入射波をなくしたときの出力端から入力端への透過係数および出力端の反射係数である.

なお, S パラメータは回路 A の Z パラメータおよび両線路の特性インピーダンスにより, 次のように与えられる.

$$\begin{bmatrix} S_{11} & S_{12} \\ S_{21} & S_{22} \end{bmatrix} = \frac{\begin{bmatrix} \dfrac{Z_{22}}{Z_{02}}+1 & \dfrac{-Z_{12}}{\sqrt{Z_{01}Z_{02}}} \\ \dfrac{-Z_{21}}{\sqrt{Z_{01}Z_{02}}} & \dfrac{Z_{11}}{Z_{01}}+1 \end{bmatrix}\begin{bmatrix} \dfrac{Z_{11}}{Z_{01}}-1 & \dfrac{Z_{12}}{\sqrt{Z_{01}Z_{02}}} \\ \dfrac{Z_{21}}{\sqrt{Z_{01}Z_{02}}} & \dfrac{Z_{22}}{Z_{02}}-1 \end{bmatrix}}{\begin{vmatrix} \dfrac{Z_{11}}{Z_{01}}+1 & \dfrac{Z_{12}}{\sqrt{Z_{01}Z_{02}}} \\ \dfrac{Z_{21}}{\sqrt{Z_{01}Z_{02}}} & \dfrac{Z_{22}}{Z_{02}}+1 \end{vmatrix}} \tag{2・72}$$

以下, 2 つの例について S パラメータを求めてみよう.

例題 1 　特性インピーダンス Z_0，長さ l の無損失線路の S パラメータ.

　この線路を**図 2·22** (a) に示す. この線路の両端に, 同図 (b) に示すように, 特性イ
ンピーダンス Z_0 をもった線路を接続してみると, 両接続点で整合しているから, 各線
路の a, b の間には, $a_3 = a_1$, $b_3 = b_1$, $a_4 = a_2$, $b_4 = b_2$ の関係が成り立つ. そこで, 同
図 (b) を図 2·21 と対応させるため, 元の線路の Z パラメータを求める. それは式 (2·
44) より次の式で与えられる. ただし β は元の線路の位相定数である.

$$\begin{bmatrix} Z_{11} & Z_{12} \\ Z_{21} & Z_{22} \end{bmatrix} = \begin{bmatrix} -jZ_0 \cot \beta l & \dfrac{-jZ_0}{\sin \beta l} \\ \dfrac{-jZ_0}{\sin \beta l} & -jZ_0 \cot \beta l \end{bmatrix} \tag{2·73}$$

　また, $Z_{01} = Z_{02} = Z_0$ とおき, 式 (2·73) の Z パラメータを用いて, 式 (2·72) を計算
すると, 次式のように S パラメータが得られる.

$$\begin{bmatrix} S_{11} & S_{12} \\ S_{21} & S_{22} \end{bmatrix} = \dfrac{\begin{bmatrix} 0 & -j2/\sin \beta l \\ -j2/\sin \beta l & 0 \end{bmatrix}}{2\dfrac{\cos \beta l + j \sin \beta l}{j \sin \beta l}} = \begin{bmatrix} 0 & e^{-j\beta l} \\ e^{-j\beta l} & 0 \end{bmatrix} \tag{2·74}$$

　この場合, 次のような考察からも S パラメータは求まる. すなわち反射係数 S_{11}, S_{22}
は, 各線は整合しているからいずれも 0 である. また問題の線路の両端の位相差は βl
であるから透過係数 $S_{12} = S_{21} = e^{-j\beta l}$ である.

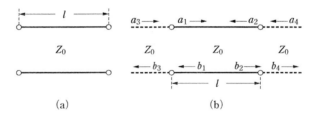

(a) 　　　　　　　　　　　　　　(b)

図 2·22　S パラメータ計算例 (1)

例題 2 　特性インピーダンス Z_0 の無損失線路に並列にアドミタンス Y が
接続された回路の S パラメータ.

　この場合も式 (2·72) を適用して求めることができるが (Y を 2 端子対回路のインピー
ダンスパラメータに変換しておく), ここでは a, b の定義式を適用して求める. **図 2·23**
のように, アドミタンスの電圧を V, その左右の電流を I_1, I_2 とすると, 式 (2·67), (2·
68) より,

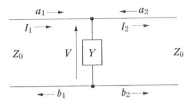

図 2·23 S パラメータ計算例 (2)

$$
\left.
\begin{aligned}
V &= (a_1 + b_1)\sqrt{Z_0} = (a_2 + b_2)\sqrt{Z_0} \\
I_1 &= (a_1 - b_1)/\sqrt{Z_0} \\
I_2 &= -(a_2 - b_2)/\sqrt{Z_0} \\
I_1 - I_2 &= YV
\end{aligned}
\right\}
\tag{2·75}
$$

なる 4 つの式が成り立つ．これらの式から順に b_2 および b_1 を消去すると，次の 2 つの式が求まる．

$$
\left.
\begin{aligned}
b_1 &= -\frac{YZ_0}{YZ_0 + 2}a_1 + \frac{2}{YZ_0 + 2}a_2 \\
b_2 &= \frac{2}{YZ_0 + 2}a_1 - \frac{YZ_0}{YZ_0 + 2}a_2
\end{aligned}
\right\}
\tag{2·76}
$$

したがって，S パラメータは次式となる．

$$
\begin{bmatrix} S_{11} & S_{12} \\ S_{21} & S_{22} \end{bmatrix}
= \frac{1}{YZ_0 + 2}
\begin{bmatrix} -YZ_0 & 2 \\ 2 & -YZ_0 \end{bmatrix}
\tag{2·77}
$$

以上では S パラメータの定義を図 2·21 のような 2 端子対回路について行ったが，マイクロ波回路では接合部に 2 つ以上の線路が接続されることが多い．このときは**図 2·24** のような構成となる．図 2·24 では N ポート結合の場合を示している．各線路に基準面 S_1, S_2, ……, S_N を定め，各基準面から見た入射波を a_1, a_2, ……, a_N，反射波を b_1, b_2, ……, b_N とすると，S マトリクスは次のように定義できる．

$$
\begin{bmatrix} b_1 \\ b_2 \\ \vdots \\ b_N \end{bmatrix}
=
\begin{bmatrix}
S_{11} & S_{12} & \cdots & S_{1N} \\
S_{21} & S_{22} & \cdots & S_{2N} \\
\vdots & \vdots & \vdots & \vdots \\
S_{N1} & S_{N2} & \cdots & S_{NN}
\end{bmatrix}
\begin{bmatrix} a_1 \\ a_2 \\ \vdots \\ a_N \end{bmatrix}
\tag{2·78}
$$

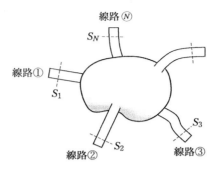

図 2·24 N ポート結合の構成

　各 S パラメータは２端子対の場合と同様にして求まる．例えば，S_{ii} は，ポート i 以外からの入射を 0 としたときの，ポート i における反射波と入射波の比に等しい．

2·9　スミスチャート

　前節までに分布定数線路とそれに接続される負荷について，反射係数やインピーダンスの計算あるいはインピーダンス変換などの問題を主に数式に従って扱ってきた．これらの問題を図表上に示して直観的にわかりやすく解析可能としたものが**スミスチャート**（Smith chart）である．以下にスミスチャートの成り立ちからその応用について説明する．

　反射係数 $\Gamma(z)$ を複素数表示で次のように表す．

$$\Gamma(z) = |\Gamma(z)|e^{j\theta} = u + jv \tag{2·79}$$

ここでは，θ，u，v は z の関数である．負荷が受動素子のみからなる場合は $|\Gamma(z)| \leqq 1$ であるから，式 (2·79) を u–v 平面（複素数平面）に示すと**図 2·25 (a)** のようになる．各円は $|\Gamma(z)|$ が一定の軌跡を，また原点を通る直線は θ が一定の軌跡をそれぞれ示している．したがって，$\Gamma(z)$ の値は半径 1 の円内の点で示される．

　次に，線路上の任意の点 z におけるインピーダンスと反射係数の関係を示す式 (2·39) を次式のように書き直す．

$$Z_N(z) = \frac{Z(z)}{Z_0} = \frac{1 + \Gamma(z)}{1 - \Gamma(z)} \qquad (2 \cdot 80)$$

ただし，$Z_N(z)$ は $Z(z)$ の正規化インピーダンスである．ここで $Z_N(z) = r + jx$ のように複素数表示でおきかえて，式 (2·79) を用いると，式 (2·80) は，

$$r + jx = \frac{1 + u + jv}{1 - (u + jv)} \qquad (2 \cdot 81)$$

となる．この式の両辺の実数部と虚数部をそれぞれ等しいとおいて，各式を変形すると次の 2 式が得られる．

$$\left(u - \frac{r}{r+1} \right)^2 + v^2 = \left(\frac{1}{r+1} \right)^2 \qquad (2 \cdot 82)$$

$$(u - 1)^2 + \left(v - \frac{1}{x} \right)^2 = \left(\frac{1}{x} \right)^2 \qquad (2 \cdot 83)$$

式 (2·82) は u – v 平面上で点 $[r/(r+1), 0]$ を中心とし，$1/(r+1)$ を半径とする円を表している．また，式 (2·83) は点 $(1, 1/x)$ を中心とし，$1/|x|$ を半径とする円を表す．これらの関係をそれぞれに r と x をパラメータとして u – v 平面上にプロットしたのが同図 (b) である．リアクタンス x は正負の値をとるので，この円弧は u 軸の上下両方に描かれる．

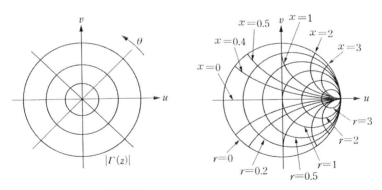

（a）u-v 平面上の反射係数　　　（b）u-v 平面上の正規化インピーダンス座標

図 2·25　スミスチャートの成り立ち

スミスチャートは同図 (a)，(b) を同時に描いた図表であり，結果を**図 2·26** に示す．横軸上に示した 0，0.2，0.5，1，2，3，5 の数値はそれらの点を通る

円に対応した r の値であり，円弧に沿って示した 0，0.4，0.5，1，2，3 の数値はそれぞれの円弧に対応した x の値である．また，破線で表した円は $|\Gamma(z)| = $ 一定の軌跡である．$|\Gamma(z)| = |u+jv| \leqq 1$ であるから，原点を中心とした半径 1 の円内が意味のある範囲となる．その円内の任意の点を通る r 一定の円，および x 一定の円のそれぞれ r および x の値がその点のインピーダンス（正規化）を表す．

　なお，インピーダンスの逆数であるアドミタンスについては，

$$Y_N(z) = \frac{1}{Z_N(z)} = \frac{1-\Gamma(z)}{1+\Gamma(z)} \tag{2・84}$$

であるから（$Y_N(z)$ は正規化アドミタンスを表す），式 (2・80) と比較すればわかるように，$\Gamma(z)$ の符号を逆にした場合に等しい．すなわち，$\Gamma(z)$ に $e^{j\pi}$ を乗じた場合に相当するから，図 2・26 においてあるインピーダンスに対するアドミタンスは原点に対称な点で示される．

　次に，スミスチャートの u 軸（$x = 0$ の線）上の r の値が定在波比に相当することを述べよう．反射係数が $\Gamma(l)$ なる負荷の接続された線路において，電圧定在波の最大となる位置では，式 (2・32) より $\Gamma(z) = |\Gamma(z)|$，すなわち $\Gamma(z)$ は正の実数となる．したがって，その位置では式 (2・80) 右辺も実数となるから，

$$Z_N(z) = \frac{1+|\Gamma(z)|}{1-|\Gamma(z)|} = r \tag{2・85}$$

すなわちインピーダンスのリアクタンス分 $x = 0$ で，実数部の抵抗のみとなる．したがって，このとき $Z_N(z)$ は u 軸上にある．一方，定在波比 ρ は式 (2・36) で与えられるから，結局 $r = \rho$ であり，電圧定在波最大位置で $Z_N(z)$ は ρ に等しい．なお $\rho \geqq 1$ であるから，このことは u 軸の原点より右側で成り立つ．

　また，電圧定在波が最小となる位置では $\Gamma(z) = -|\Gamma(z)|$ であるから，

$$Z_N(z) = \frac{1-|\Gamma(z)|}{1+|\Gamma(z)|} = \frac{1}{\rho} \tag{2・86}$$

となる．したがって u 軸原点の左側の r の値は電圧定在波最小位置の正規化イ

ンピーダンスの抵抗値と同時に定在波比の逆数を与える.

　線路（無損失）上の位置 z が変わるとき, 反射係数は式 (2·37) より $|\Gamma(z)|$ $= |\Gamma(l)|$ であるから, スミスチャート上では原点を中心とした同じ円上を動く. 動く方向については, 式 (2·28) より $\Gamma(z)$ の位相角は $-2\gamma(l-z) = -j2\beta(l-z)$ であるから, z が大きくなる負荷側への動きは左回転, z が小さくなる電源側への動きは右回転となる. また, 位相角は $2\beta = 2\pi/(\lambda_g/2)$ に比例しているから 1 回転は $\lambda_g/2$（半波長）に相当する（λ_g は線路上の波長）.

　実用スミスチャートでは, これらの回転方向は図の周辺部にそれぞれ矢印とともに WAVELENGTH TOWARDS LOAD および WAVELENGTH TOWARDS GENERATOR と書き込まれている. なお, 図 2·26 では負荷側への動き（WAVELENGTH TOWARDS LOAD）の場合の波数（長さを線路上の波長で割った値）を示している.

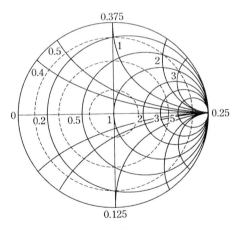

図2·25 (a), (b) を同時に示したもの.
$|\Gamma(z)|$ ＝一定の円は破線で示してある.

図 2·26　スミスチャート

　なお, スミスチャートをアドミタンスチャートとして用いる場合は $Y_N(z)$ $= g + jb$ とおいたとき, r を g に, x を b におきかえて読み, 位相角は u 軸の右端を 0 とすればよい.

例題3　マイクロ波伝送線路に接続されている負荷のインピーダンスを求める.

　マイクロ波の周波数 $f = 10\,\mathrm{GHz}$, その伝送線路上の波長 $\lambda_g = 40\,\mathrm{mm}$ とする. この線路に定在波測定器をつないで測定した結果, 定在波比 $\rho = 5$ であり, 電圧最小点は負荷から $35\,\mathrm{mm}$ の位置であった. この2つの測定値から負荷の正規化インピーダンスが求まる.

　まず定在波比5を**図2・27**のスミスチャートの u 軸 ($x = 0$ 軸) 上に求め, この点をPとする. 点Pを通り原点を中心とする円 C を描く. 求めるインピーダンスはこの円上にある. 次に電圧最小点のインピーダンスは u 軸上原点より左側にあるから, 円 C と u 軸の交点Qが電圧最小点のインピーダンスを示す. 点Qを基点として円周上を負荷側へ（左側へ）$35/\lambda_g = 0.875$ だけ回転させる. ここで $0.875 = 0.5 + 0.375$ であるから, 1回転 (0.5波長) と 0.375 波長分回転させる. 結果は Z_N で示した点となる. この点が負荷の正規化インピーダンスである. その点の r, x 座標の値から,

$$Z_N = 0.39 + j0.97$$

が得られる.（実用のスミスチャートでは, r の円および x の円弧はもっと細かい間隔で描かれているから, r と x の値は小数点以下2～3桁まで読むことができる.）もし線路の特性インピーダンスがわかっていれば, その値を Z_N に乗じたものが負荷のインピーダンスとなる. なお, 測定した電圧最小点の負荷からの距離が波数で 0.5 と 1 の間にあるから, この最小点は負荷から見て2つ目の最小点であることがわかる.

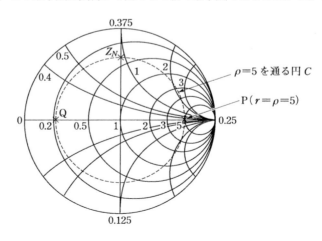

図2・27　スミスチャートの例題

第 2 章　演 習 問 題

1. 図演 2·1 (a) ～ (d) に示す無損失線路について，それぞれの左端（送電端）から見た入力インピーダンス Z_{in} および負荷（右端）の反射係数 $\Gamma(l)$ を求めよ．ただし，(d) の場合の反射係数は，2 つの線路の接続点 A- A' における反射係数 Γ_A を求めよ．（Z_0 は各線路の特性インピーダンスを示す．）λ_g は線路上の波長とする．

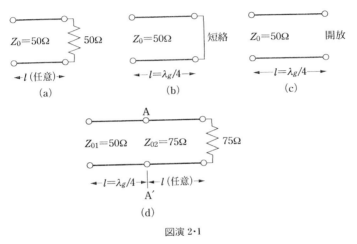

図演 2·1

2. 図 2·2 のように，Ⅰ，Ⅱ，Ⅲ 3 種類の線路が接続された伝送線路がある．各線路は無損失であり，特性インピーダンスはそれぞれ Z_{01}，Z_{02}，Z_{03} であり，Ⅱの線路長はその線路内波長の 1/4 である．またⅢの右端には Z_{03} に等しい負荷が接続されている．このような 1- 1' を送電端，4- 4' を受電端とする伝送線路につき以下の問に答えよ．

(1) 線路ⅡとⅢの接続点（3- 3'）から右側を見たインピーダンス Z_{23} を求めよ．

(2) 線路ⅠとⅡの接続点（2- 2'）から右側を見たインピーダンス Z_{12} を求めよ．

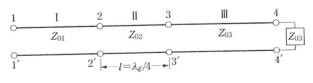

図演 2·2

（3）線路ⅠとⅡの接続点で反射がなくなるのは，Z_{01}，Z_{02}，Z_{03} の間にどのような関係が成り立つときか．

3. インピーダンス整合に関する以下の問題をスミスチャートを用いて解け．

　　特性インピーダンス 50 Ω の無損失線路の終端に $Z_L = 20 + j15[\Omega]$ の負荷が接続されている．この線路の負荷から l の位置に，一端を短絡した特性インピーダンス 50 Ω，長さ x の無損失線路をスタブとして並列に接続し，線路の整合をとりたい．l と x を求めよ．ただし信号の周波数を 1 GHz とし，線路上の波長は自由空間における波長に等しいとする．

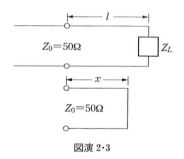

図演 2・3

第**3**章

電磁界の基礎

　前章で，伝送線路を分布定数線路として扱い，その手法の応用について述べた．その際，線路は 1 次元，すなわち，電圧・電流は線路の長さ方向にのみ変化するものとして扱われた．この手法は電磁界が 3 次元に分布しているマイクロ波回路でも有効に適用できる場合が多いが，その前提としてマイクロ波回路における電磁界の様子を知っておくことが大切である．そのため，具体的なマイクロ波の伝送線路や回路素子の説明に入る前に，それらの機器におけるマイクロ波の振舞いを調べるために必要な，電磁界の取扱い方の基礎的なことがらについて述べる．

3・1　マクスウェルの方程式

　変化する磁界の中にある導体に起電力が生じるという**ファラデーの電磁誘導の法則**（図 3・1（a））や，電流のまわりに磁界が発生するという**アンペアの法則**（図 3・1（b））などをマクスウェルがまとめて，電磁界に関する基礎方程式を作った．これが**マクスウェルの方程式**である．電磁界の振舞いはマクスウェルの方程式により記述される．

　電界を E，磁界を H とすると，マクスウェルの方程式は次の 2 つの式から成り立つ（太字はベクトルを意味する）．

$$\nabla \times E = -\frac{\partial B}{\partial t} \tag{3・1}$$

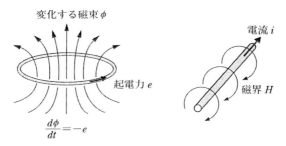

(a) ファラデーの電磁誘導の法則　　　(b) アンペアの法則

図 3·1　電磁気の基礎現象

$$\nabla \times \boldsymbol{H} = \boldsymbol{J} + \frac{\partial \boldsymbol{D}}{\partial t} \tag{3·2}$$

ただし，

$$\left.\begin{array}{l} \boldsymbol{D} = \varepsilon \boldsymbol{E} \\ \boldsymbol{B} = \mu \boldsymbol{H} \\ \boldsymbol{J} = \sigma \boldsymbol{E} \end{array}\right\} \tag{3·3}$$

　ここで，ε, μ および σ はそれぞれ媒質の**誘電率**，**透磁率**および**電気伝導率（導電率）**である．また，$\boldsymbol{D}$ は**電束密度**，$\boldsymbol{B}$ は**磁束密度**，$\boldsymbol{J}$ は**伝導電流密度**である．なお，式 (3·1)，(3·2) より導かれる次の 2 式もマクスウェルの方程式に含める場合がある．

$$\mathrm{div}\,\boldsymbol{D} = \rho \tag{3·4}$$

$$\mathrm{div}\,\boldsymbol{B} = 0 \tag{3·5}$$

　ただし，ρ は電荷密度である．なお，式 (3·1)，(3·2)，(3·4)，(3·5) で用いられている記号 $\nabla \times$ や div はそれぞれローテーション（rotation，回転），ダイバージェンス（divergence，発散）と読み，ベクトル量に対する微分演算子を表す．例えば，ベクトル $\boldsymbol{A}$ の直角座標成分を A_x, A_y, A_z とし，$\boldsymbol{i}, \boldsymbol{j}, \boldsymbol{k}$ を x, y, z 方向の単位ベクトル（大きさが 1 のベクトル）とすると，$\boldsymbol{A}$ は次のように表される．

$$\boldsymbol{A} = \boldsymbol{i}A_x + \boldsymbol{j}A_y + \boldsymbol{k}A_z$$

そして $\boldsymbol{A}$ のローテーションおよびダイバージェンスは，次のような演算で定義される．

$$\nabla \times A = \left(i\frac{\partial}{\partial x} + j\frac{\partial}{\partial y} + k\frac{\partial}{\partial z} \right) \times A = \begin{vmatrix} i & j & k \\ \dfrac{\partial}{\partial x} & \dfrac{\partial}{\partial y} & \dfrac{\partial}{\partial z} \\ A_x & A_y & A_z \end{vmatrix}$$

$$= i\left(\frac{\partial A_z}{\partial y} - \frac{\partial A_y}{\partial z} \right) + j\left(\frac{\partial A_x}{\partial z} - \frac{\partial A_z}{\partial x} \right) + k\left(\frac{\partial A_y}{\partial x} - \frac{\partial A_x}{\partial y} \right) \quad (3\cdot 6)$$

$$\mathrm{div}\, A = \left(i\frac{\partial}{\partial x} + j\frac{\partial}{\partial y} + k\frac{\partial}{\partial z} \right) \cdot A = \frac{\partial A_x}{\partial x} + \frac{\partial A_y}{\partial y} + \frac{\partial A_z}{\partial z} \quad (3\cdot 7)$$

以上の2式からわかるように, ローテーションの結果はベクトルであり, ダイバージェンスの結果はスカラである.

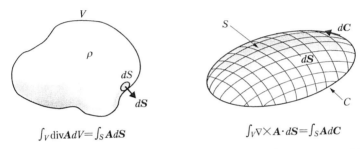

$$\int_V \mathrm{div} A\, dV = \int_S A\, dS \qquad\qquad \int_V \nabla \times A \cdot dS = \int_S A\, dC$$

(a) ベクトルの発散とガウスの定理　　　(b) ベクトルの回転とストークスの定理

図 3·2　ベクトルの発散と回転

式 (3·6), (3·7) の物理的な意味について簡単に触れておこう. ダイバージェンスについては**図 3·2** (a) に示すように, 体積 V の空間内に電荷が密度 ρ で分布しているとき, この領域に式 (3·4) を適用し, 体積積分すると,

$$\int_V \mathrm{div}\, D\, dV = \int_V \rho\, dV \qquad\qquad (3\cdot 8)$$

ガウスの定理により,

$$\int_V \mathrm{div}\, D\, dV = \int_S D\, dS \qquad\qquad (3\cdot 9)$$

ここで, V, S は積分領域である体積とその表面積を示す. また, dS は表面 S 上の微小な面積をベクトルで表す量であり, その大きさが微小面積に等しく, その方向が微小面に外向きに垂直なベクトルを示す. したがって, $D\, dS$

は微小表面から外に出ていく電束に等しい.

　式 (3·8), (3·9) より,

$$\int_S \boldsymbol{D}\,dS = \int_V \rho\,dV \tag{3·10}$$

が得られる. この式はある領域から外部に出ていく全電束 (左辺) はその領域に含まれる電荷量 (右辺) に等しいことを示している.

　ローテーションについては, 図 3·2 (b) にあるような曲線 C に囲まれた曲面 S を考える. C の線素ベクトル (C の任意の点での接線方向の微小線分) を $d\boldsymbol{C}$, S の面素ベクトルを $d\boldsymbol{S}$ とする. このときベクトル $\boldsymbol{A}$ と $d\boldsymbol{C}$ の内積 $\boldsymbol{A} \cdot d\boldsymbol{C}$ の C に沿っての積分が, $\boldsymbol{A}$ のローテーション $\nabla \times \boldsymbol{A}$ と $d\boldsymbol{S}$ との内積 $\nabla \times \boldsymbol{A} \cdot d\boldsymbol{S}$ を曲面 S に対して面積積分したものに等しい. すなわち,

$$\int_S \nabla \times \boldsymbol{A} \cdot d\boldsymbol{S} = \int_C \boldsymbol{A} \cdot d\boldsymbol{C} \tag{3·11}$$

この関係から曲面 S 上で $\nabla \times \boldsymbol{A} = 0$ ならば, 式 (3·11) の右辺, すなわち, ベクトル $\boldsymbol{A}$ の面周辺に沿って 1 まわりの積分は 0 となる. したがって, このようなベクトルは回転がない, あるいは渦がないベクトルという. なお, 式 (3·11) の関係はストークスの定理と呼ばれる.

　磁束密度の発散に関する式 (3·5) については, 電束の場合との対応で考えると次のように説明される. 電束 (電界) 発生の基になる電荷は, 正, 負の電荷が独立に存在できるが, 磁束 (磁界) の基になる磁荷は必ず N 極と S 極が対になって存在しており, 単独の磁荷は存在しないので, 式 (3·5) となる.

3·2　境界条件

　マイクロ波の伝搬する空間が一様ではなく, 空間を構成する媒質が不連続となっている場合, 不連続面にマイクロ波が入射すると, マイクロ波の電磁界は不連続に変化する. すなわち反射, 屈折, 回折などの現象が起こる. 媒質の不連続面における電磁界の変化の条件を決めるのが**境界条件**である.

　境界条件を考える場合, 電界および磁界を境界面に対し接線方向の成分と垂

直方向の成分（法線成分）に分けて考える.

●電界の接線成分

図 3·3 に示すように，媒質 1 と媒質 2 の境界に微小な面 A を設定し，その面の周辺を C とする．式 (3·1) の両辺を面 A について積分すると，

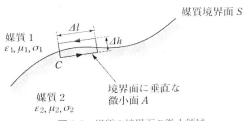

図 3·3 媒質の境界面の微小領域

$$\int_A \nabla \times \boldsymbol{E} \cdot d\boldsymbol{A} = -\int_A \frac{\partial \boldsymbol{B}}{\partial t} \cdot d\boldsymbol{A} \qquad (3\cdot12)$$

一方，ストークスの定理より，

$$\int_A \nabla \times \boldsymbol{E} \cdot d\boldsymbol{A} = \int_C \boldsymbol{E} \cdot d\boldsymbol{C} \qquad (3\cdot13)$$

したがって，式 (3·12)，(3·13) より，

$$\int_C \boldsymbol{E} \cdot d\boldsymbol{C} = -\int_A \frac{\partial \boldsymbol{B}}{\partial t} \cdot d\boldsymbol{A} \qquad (3\cdot14)$$

ただし，積分記号下に付いた C は C に沿った積分を意味し，$d\boldsymbol{A}$ は微小面 A の法線ベクトルであり，$d\boldsymbol{C}$ は C に沿った線素ベクトル（C の接線方向を向き，大きさが線の微小分 dC のベクトル）である．

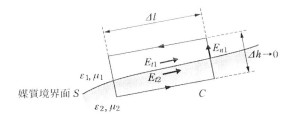

図 3·4 境界微小面の拡大図

　図 3・4 に示すように電界の境界面に平行な成分を媒質 1 側が E_{t1}, 媒質 2 側が E_{t2} とし, 式 (3・14) の積分を実施すると, 右辺の面積積分は $\Delta h \to 0$ のため 0 となり, 左辺の積分を図 3・4 に示したように C に沿って矢印の方向に行うと, $\Delta h \to 0$ を考慮して, $-E_{t1}\Delta l + E_{t2}\Delta l = 0$ となる. したがって,

$$E_{t1} = E_{t2} \tag{3・15}$$

すなわち, 境界面において電界の接線成分は連続となる.

●磁界の接線成分

　式 (3・2) に関して電界の場合と同様の計算を行えば,

$$-H_{t1} + H_{t2} = \left(\sigma E_u + \varepsilon \frac{\partial E_u}{\partial t} \right) \Delta h \tag{3・16}$$

ただし, E_u は電界 $\boldsymbol{E}$ の $d\boldsymbol{A}$ 方向成分, すなわち面 A の法線方向 (したがって, 媒質の境界面 S には接線方向) 成分である. したがって, 媒質の電気伝導率 σ が有限な場合は $\Delta h \to 0$ で右辺は 0 となるから,

$$H_{t1} = H_{t2} \tag{3・16'}$$

すなわち, 磁界の接線成分も連続でなければならない.

　しかし, 片側の媒質が完全導体で $\sigma = \infty$ の場合, 式 (3・16) の右辺の電界は無限大とはならないから $\varepsilon \Delta h \partial E_u / \partial t$ は $\Delta h \to 0$ で 0 となるが, $\sigma E_u \Delta h$ は 0 にはならないで,

$$-H_{t1} = \int_A \sigma E_u \Delta h = K_u \ (\Delta h \to 0) \tag{3・16''}$$

(完全導体内には電界も磁界も存在しないから, $H_{t2} = 0$ である.)

　K_u は一般には導体の境界面上を流れる表面電流である. したがって, 添字 u の示す方向を考慮すると, 磁界の接線成分と同じ大きさの面密度でその直角な方向に面電流が流れる.

●電界の法線成分

　図 3・5 のように境界面 S 面上に微小な面積 ΔS をもった浅い円柱を考える. ΔS 面に垂直な電束密度成分を D_{n1}, D_{n2} (上向きを正) とし, 式 (3・4) を ΔS と Δh で囲まれた領域で体積積分すると,

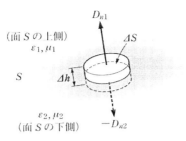

図 3・5 媒質境界面 S 上の微小円柱

$$\int_V \mathrm{div}\, \boldsymbol{D}\, dV = \int_V \rho\, dV \tag{3・17}$$

この左辺にガウスの定理を適用し，面積積分に変換すると，式 (3・10) と同じ式が得られる．

$$\int_S \boldsymbol{D} d\boldsymbol{S} = \int_V \rho\, dV \tag{3・18}$$

Δh は十分小さいとすると円筒側面より出る電束は無視できるので，式 (3・18) の左辺は $D_{n1}\Delta S - D_{n2}\Delta S$ となる．したがって，式 (3・17) は，

$$(D_{n1} - D_{n2})\Delta S = \rho \Delta S \Delta h$$

結局，

$$D_{n1} - D_{n2} = \rho \Delta h \tag{3・19}$$

となる．境界面上に面電荷密度 η が存在する場合，$\Delta h \to 0$ でも $\rho \Delta h$ は 0 とはならない．したがって，

$$\eta = \rho \Delta h \quad (\Delta h \to 0,\ \rho \to \infty) \tag{3・20}$$

と表して，

$$D_{n1} - D_{n2} = \eta \tag{3・21}$$

となり，電束密度は境界面の面電荷密度に等しい不連続を生じる．

面電荷密度がない場合は次のように，電束密度は連続となる．

$$D_{n1} = D_{n2} \tag{3・22}$$

●磁界の法線成分

磁界の法線成分についても同様に，式 (3・5) より，

$$B_{n1} = B_{n2} \tag{3・23}$$

となり，磁束の法線成分はつねに連続となる．

●空気（真空）と金属との境界

　マイクロ波回路は金属製のものが多い．したがって，空気あるいは真空と金属が接している境界に関する問題は大切である．

　一般に金属は電気伝導率が非常に大きいから，近似的に $\sigma = \infty$ と考える．そして，金属内部には電界は存在しないから磁界も存在しない．したがって，金属側を媒質 2 とすると，式 (3・16)″ より $H_{t2} = 0$ とおいて，

$$H_{t1} = K_u \tag{3・24}$$

が成り立つ．すなわち，金属にマイクロ波が当たったとき，磁界の接線成分に直角な方向に単位幅当たり，H_{t1} に等しい面電流が流れる．

　電界については，式 (3・15) より接線成分は 0，法線成分は 式 (3・21) において $D_{n2} = \varepsilon_2 E_{n2} = 0$ であるから，

$$E_{n1} = \eta/\varepsilon_1 \tag{3・25}$$

なる電界が存在する．

(3・3)　平面波の伝搬

　電磁波が一様な媒質を伝搬している場合を考えよう．一様な媒質とは，誘電率 ε，透磁率 μ および電気伝導率（導電率）σ が空間的にも時間的にも変化しない媒質のことをいう．このとき，マクスウェルの方程式 (3・1) ～ (3・5) は，電荷密度 $\rho = 0$ の場合，次の諸式となる．

$$\left. \begin{array}{l} \nabla \times \boldsymbol{E} = -\mu \dfrac{\partial \boldsymbol{H}}{\partial t} \\[2mm] \nabla \times \boldsymbol{H} = \sigma \boldsymbol{E} + \varepsilon \dfrac{\partial \boldsymbol{E}}{\partial t} \\[2mm] \nabla \cdot \boldsymbol{E} = 0 \\[2mm] \nabla \cdot \boldsymbol{H} = 0 \end{array} \right\} \tag{3・26}$$

通常，電磁波は時間に関して一定の周期で正弦波的に変化するから，振動の

角周波数を ω とすると，電界と磁界は次のように表示できる．

$$\boldsymbol{E} = \boldsymbol{E}_0 e^{j\omega t}, \quad \boldsymbol{H} = \boldsymbol{H}_0 e^{j\omega t}$$

このような形式で表したときは一般に $\boldsymbol{E}$，$\boldsymbol{E}_0$，$\boldsymbol{H}$，$\boldsymbol{H}_0$ は位相項を含んでいるため，複素数であり，$\boldsymbol{E}_0$，$\boldsymbol{H}_0$ の絶対値は電界，磁界の振動の振幅となる．現実の波動は各式の実数部で表される．

ここで，以降の式の変形をわかりやすくするため，時間 t に関する偏微分を $\dfrac{\partial}{\partial t} = j\omega$ とおき，電界・磁界を x，y，z 成分に分けて式 (3・26) を書き直すと，次の 6 つの式になる．

$$\frac{\partial E_z}{\partial y} - \frac{\partial E_y}{\partial z} = -j\omega\mu H_x$$

$$\frac{\partial E_x}{\partial z} - \frac{\partial E_z}{\partial x} = -j\omega\mu H_y$$

$$\frac{\partial E_y}{\partial x} - \frac{\partial E_x}{\partial y} = -j\omega\mu H_z$$

$$\frac{\partial H_z}{\partial y} - \frac{\partial H_y}{\partial z} = (\sigma + j\omega\varepsilon)E_x$$

$$\frac{\partial H_x}{\partial z} - \frac{\partial H_z}{\partial x} = (\sigma + j\omega\varepsilon)E_y$$

$$\frac{\partial H_y}{\partial x} - \frac{\partial H_x}{\partial y} = (\sigma + j\omega\varepsilon)E_z$$

$$(3・27)$$

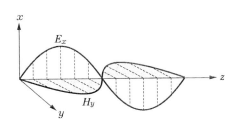

図 3・6　平面波 (TEM) の伝搬

電磁波が平面波として伝搬している場合は，**図 3・6** に示すように，伝搬方向（z 軸）に直角な x - y 面内では電界，磁界に変化はない．すなわち，電界，磁界の x および y に関する微分は 0 である．この条件を式 (3・27) に適用すると，

時間的に変化する電磁波に関しては，電磁界の z 方向成分は（直流成分は無視して），

$$E_z = H_z = 0$$

なる結果を得る．このように，電界，磁界の伝搬方向成分のない電磁波は**TEM 波**（Transverse Electro Magnetic Wave）と呼ぶ．

なお，電磁波の電界の向きと進行方向の作る面をその電磁波の**偏波面**という．

以上の関係から式（3・27）は結局，次の 2 組の式となる．

[x 方向偏波]

$$\left. \begin{array}{l} \dfrac{\partial E_x}{\partial z} = -j\omega\mu H_y \\[2mm] \dfrac{\partial H_y}{\partial z} = -(\sigma+j\omega\varepsilon)E_x \end{array} \right\} \tag{3・28}$$

[y 方向偏波]

$$\left. \begin{array}{l} \dfrac{\partial E_y}{\partial z} = j\omega\mu H_x \\[2mm] \dfrac{\partial H_x}{\partial z} = (\sigma+j\omega\varepsilon)E_y \end{array} \right\} \tag{3・29}$$

x 方向偏波は電界が x 成分のみ，磁界が y 成分のみのときであり，図 3・6 に示した場合に相当する．y 方向偏波は x 方向偏波を進行方向に向かって 90°回転させた場合に相当する．なお，x 方向偏波および y 方向偏波はそれぞれ独立に存在することができる．

x 方向偏波について解析を進めよう．式（3・28）の 2 式から H_y を消去すると，電界に関する波動方程式が次のように求まる．

$$\frac{d^2E_x}{dz^2} = j\omega\mu(\sigma+j\omega\varepsilon)E_x = (-\omega^2\varepsilon\mu+j\omega\mu\sigma)E_x = \gamma^2E_x \tag{3・30}$$

ただし，

$$\sqrt{-\omega^2\varepsilon\mu+j\omega\mu\sigma} = \gamma \tag{3・31}$$

とおいた．γ は第 2 章では分布定数回路の電圧・電流波動の伝搬定数として述べられ，ここでは電磁界波動の伝搬定数として求められたが，両者は同じものである．第 2 章の場合と同様，式（3・31）の根を求め，実数部，虚数部とも正の解を採用すると，γ は次の形で表される．

$$\gamma = \alpha + j\beta \tag{3·32}$$

α は減衰定数，β は位相定数であり，それぞれ波動の伝搬に伴う減衰の割合と位相の変化率を表す．なお，α および β は次の式で与えられる．

$$\left.\begin{array}{l} \alpha = \omega\sqrt{\dfrac{\varepsilon\mu}{2}}\sqrt{-1+\sqrt{1+\left(\dfrac{\sigma}{\omega\varepsilon}\right)^2}} \\[4mm] \beta = \omega\sqrt{\dfrac{\varepsilon\mu}{2}}\sqrt{1+\sqrt{1+\left(\dfrac{\sigma}{\omega\varepsilon}\right)^2}} \end{array}\right\} \tag{3·33}$$

さて，式 (3·30) の解は次のように求めることができる．

$$E_x = E_{xf}e^{-\gamma z} + E_{xr}e^{\gamma z} \tag{3·34}$$

ただし，E_{xf} および E_{xr} は初期条件で決まる定数である．この右辺第 1 項は z の正の方向へ伝搬する前進波を，第 2 項は負の方向へ伝搬する後進波をそれぞれ表している．E_x とペアになる H_y は式 (3·34) を式 (3·28) の第 1 式に代入することにより，次のように得られる．

$$H_y = \frac{\gamma}{j\omega\mu}\left(E_{xf}e^{-\gamma z} - E_{xr}e^{\gamma z}\right) \tag{3·35}$$

式 (3·34)，(3·35) より電磁波の前進波（あるいは後進波でも同じ）の電界と磁界の比を Z_w とおくと，

$$Z_w = \frac{E_{xf}}{H_{yf}} = \frac{j\omega\mu}{\gamma} = \sqrt{\frac{j\omega\mu}{\sigma + j\omega\varepsilon}} \tag{3·36}$$

Z_w は平面波の**電波インピーダンス**（あるいは**波動インピーダンス**）と呼ばれる．また，$j\omega\mu/\gamma$ は媒質の**固有インピーダンス**とも定義される．

なお，式 (3·36) で示されるように，σ が 0 でない媒質では E_{xf} と H_{yf} には位相差が生じる．

以上の式 (3·31) から (3·36) に至る関係は式 (3·29) の y 方向偏波に対しても全く同様に適用できる．ただし，その場合の電波インピーダンスは $Z_w = E_y/(-H_x)$ とすることが必要である．

以上は一般の媒質中における電磁波の解析であるが，以下の章で多く扱われる大気（真空でも同じ）などの導電電流の存在しない媒質では $\sigma = 0$ であるから，電磁波の特性を決める式は簡単になる．まず式 (3·31) より，伝搬定数 γ は，

$$\gamma = j\omega\sqrt{\varepsilon\mu} \tag{3·37}$$

となり，減衰項は 0 であり位相項のみとなる．すなわち，

$$\beta = \omega\sqrt{\varepsilon\mu} \tag{3·38}$$

位相定数 β をもつ波動の伝搬速度 v_p は，

$$v_p = \omega/\beta = 1/\sqrt{\varepsilon\mu} \tag{3·39}$$

となる．真空中では $\varepsilon = \varepsilon_0 = 8.854\times10^{-12}\,\mathrm{F/m}$, $\mu = \mu_0 = 4\pi\times10^{-7}\mathrm{H/m}$ であるから，真空中の電磁波の速度，すなわち光速 c は，

$$c = 3\times10^8\mathrm{m/s}$$

となる．なお，真空の固有インピーダンスは ζ_0 として，

$$\zeta_0 = j\omega\mu_0/j\omega\sqrt{\varepsilon_0\mu_0} = \sqrt{\mu_0/\varepsilon_0} = 377\,〔\Omega〕 \tag{3·40}$$

である．

式 (3·34)，(3·35) は時間項 $e^{j\omega t}$ を省略した式であるから，これらの式の右辺に $e^{j\omega t}$ をかけた式を改めて E_x, H_y とおくと，

$$\left.\begin{aligned}
E_x &= E_{xf}\,e^{j(\omega t-\beta z)} + E_{xr}\,e^{j(\omega t+\beta z)} \\
&= E_{xf}\cos(\omega t-\beta z) + E_{xr}\cos(\omega t+\beta z) \\
&\quad + jE_{xf}\sin(\omega t-\beta z) + jE_{xr}\sin(\omega t+\beta z)
\end{aligned}\right\} \tag{3·41}$$

実際の波動は実数部のみで表されるから，

$$E_x = E_{xf}\cos(\omega t-\beta z) + E_{xr}\cos(\omega t+\beta z) \tag{3·42}$$

磁界 H_y についても同様にして，媒質の固有インピーダンスを Z_0 として，

$$H_y = \frac{1}{Z_0}[E_{xf}\cos(\omega t-\beta z) - E_{xr}\cos(\omega t+\beta z)] \tag{3·43}$$

式 (3·42)，(3·43) で cos の位相角 $(\omega t-\beta z)$ と $(\omega t+\beta z)$ をそれぞれ一定として，時間で微分すると，それぞれ，

$$\omega = \beta\frac{dz}{dt}, \quad \omega = -\beta\frac{dz}{dt} \tag{3·44}$$

dz/dt は速度を示すから，位相角が一定な位置の進行速度，すなわち位相速度であり，$v_p = \pm\omega/\beta$ となる．符号＋，－は前進波と後進波に対応する（**図 3·7**）．

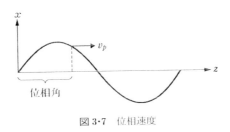

図 3・7 位相速度

(3・4) 回転する電磁波

　前節で扱った偏波の方向が時間的に一定な電磁波を**直線偏波**という．直線偏波は人工的にしか発生させることができない．自然に存在する電磁波の偏波面（電磁波の進行方向と電界の方向が作る面）は**図 3・8** に示したように回転している．通信に使用する電波はその利用度を向上させるために，回転させる場合が多い．ここで回転する電磁波を作ってみよう．

　直線偏波の前進波を考える．まず，x 方向偏波は式（3・41）より，

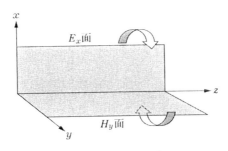

図 3・8 偏波面の回転

$$E_x = a \cos(\omega t - \beta z) \tag{3・45}$$

y 方向偏波については E_x より位相が δ だけ遅れているとし，

$$E_y = b \cos(\omega t - \beta z - \delta) \tag{3・46}$$

　このように 2 つの偏波が位相を異にして存在する場合に，それらの合成として，回転する偏波が得られる（両者が同じ位相，すなわち $\delta = 0$ のときは，E_x と E_y の合成は x 軸に対してある角度をもった直線偏波となるだけである）．

いま，$\delta = \pi/2,\ a = b$ の特別な場合について話を進めよう．このとき E_x，E_y は次のようになる．

$$\left.\begin{array}{l} E_x = a\cos(\omega t - \beta z) \\ E_y = a\cos(\omega t - \beta z - \pi/2) = a\sin(\omega t - \beta z) \end{array}\right\} \tag{3·47}$$

したがって，

$$E_x{}^2 + E_y{}^2 = a^2 \tag{3·48}$$

すなわち，合成電界は任意の z の位置で半径 a の円を描いて回転している．このような電磁波を**円偏波**という．一般に $\delta = \pi/2$ かつ $a = b$ とならない場合は，合成電界の軌跡は楕円となり，その場合は**楕円偏波**という．**図 3·9** に円偏波の生じる様子が描いてある．同図 (a) にはある時刻（瞬間）における両偏波の電界 E_x と E_y の合成電界を βz で $\pi/2(90°)$ おきに太い矢印で示してある．この図から，時間を止めて見ると合成電界は z 軸を中心に左まわりにらせん状に回転していることがわかる．また同図 (b) には任意の位置 z における合成電界の時間に対する回転の様子が描いてある．この場合は進行方向に向かって右まわりに回転しており，これを**正円偏波**という．もし E_y の位相が E_x より $\pi/2$ だけ進んでいる場合は左まわりの円偏波となることは理解できる．この場合は**負円偏波**と呼ぶ．

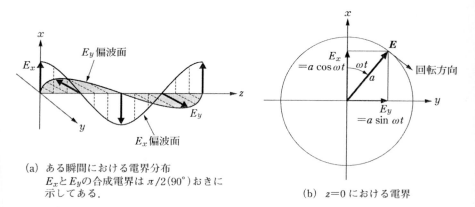

(a) ある瞬間における電界分布
　　E_x と E_y の合成電界は $\pi/2(90°)$ おきに
　　示してある．

(b) $z=0$ における電界

図 3·9　円偏波の生成

次に，直線偏波は正負円偏波の合成となることを示そう．x 方向に偏波した電磁波を考えると，その電界は $z = 0$ で $a\cos\omega t$ で与えられるから，これを

書き直すと，

$$E_x = a \cos \omega t = \frac{a}{2} e^{j\omega t} + \frac{a}{2} e^{-j\omega t} \qquad (3 \cdot 49)$$

と表される．右辺第1項は正円偏波を，第2項は負円偏波をそれぞれ表している．**図3·10**に正負円偏波の合成が直線偏波になることを示してある．

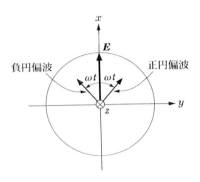

図3·10 直線偏波と正・負円偏波の関係

3·5 マイクロ波の反射・屈折

2種類の媒質がある面を境に接しているとき，そこへ電磁波がやってくると，電磁波の一部は境界面で反射して元の方向へ戻る．また，他の一部は境界面を透過して進行するが，このとき屈折が起こる．その様子を示したのが**図3·11**である．入射波は境界面（x-y面）の入射点に立てた法線（今の場合は$-z$軸）に対してθ_iの角度（入射角）をもって入射し，反射波は法線に対しθ_rの角度（反射角）をもって反射する．透過波は境界面の透過側に立てた法線（z軸）に対してθ_tの角度をもって進行する．いま，境界面を平面で，これをx-y面とし，z軸は入射波側の媒質Ⅰの領域で$z<0$，透過波側の媒質Ⅱで$z>0$とする．媒質ⅠおよびⅡの誘電率，透磁率はそれぞれε_1, μ_1およびε_2, μ_2とし，いずれの媒質も等方，均質で非導電性（導電率$\sigma = 0$,導電電流が存在しない）とする．さらに入射電磁波は平面波とする．

図3·11において，入射波の進行方向ベクトルと境界面の法線の作る面を**入射面**という．

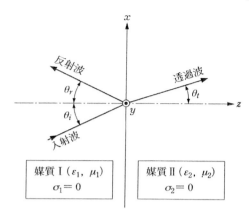

図 3·11　媒質の境界における反射波と屈折波

　いまの場合（媒質Ⅰ，Ⅱが等方，均質），反射波，透過波とも入射面内にある．入射波は平面波を考えているが，その偏波面が入射面と一致する（したがって電界ベクトルが入射面内にある）場合と，入射面に直角（したがって磁界ベクトルが入射面内にある）な場合について考えよう．なお，偏波面がこの 2 つの場合以外のときは，この 2 つの場合の結果を適当な割合で重ね合わせることにより求まる（前者の場合では入射波の磁界が境界面に平行であるから，**平行磁界型**，後者では入射波の電界が境界面に平行であるから，**平行電界型**と呼ばれる）．

① 入射波が平行磁界の場合

　電磁波の角周波数を ω とし，媒質Ⅰでの位相定数 $\beta_1 = \omega\sqrt{\varepsilon_1\mu_1}$，位相速度 $v_1 = \omega/\beta_1$ とすると，入射波の電界 E_i および磁界 H_i の x，y，z 成分は**図 3·12**を参照して次のようになる．すなわち E_{i0} を入射波電界の振幅として，

$$E_{ix} = E_{i0}\cos\theta_i e^{-j\beta_1(x\sin\theta_i + z\cos\theta_i)} \tag{3·50}$$

$$E_{iz} = -E_{i0}\sin\theta_i e^{-j\beta_1(x\sin\theta_i + z\cos\theta_i)} \tag{3·51}$$

$$H_{iy} = \frac{E_{i0}}{Z_{01}} e^{-j\beta_1(x\sin\theta_i + z\cos\theta_i)} \tag{3·52}$$

　Z_{01} は媒質Ⅰの固有インピーダンスである．なお，その他の成分は 0 であり，また時間項 $e^{j\omega t}$ は省略してある．

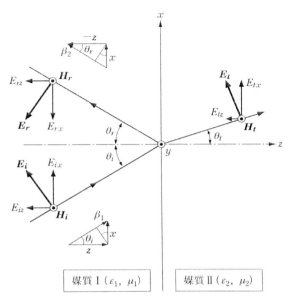

図 3·12 平行磁界型の場合の平面波の反射・屈折

同様に反射波の各成分は E_{r0} を反射波電界の振幅として,

$$E_{rx} = -E_{r0} \cos \theta_r e^{-j\beta_1(x \sin \theta_r - z \cos \theta_r)} \tag{3·53}$$

$$E_{rz} = -E_{r0} \sin \theta_r e^{-j\beta_1(x \sin \theta_r - z \cos \theta_r)} \tag{3·54}$$

$$H_{ry} = \frac{E_{r0}}{Z_{01}} e^{-j\beta_1(x \sin \theta_r - z \cos \theta_r)} \tag{3·55}$$

次に媒質 II の位相定数 $\beta_2 = \omega\sqrt{\varepsilon_2\mu_2}$, 位相速度 $v_2 = \omega/\beta_2$, 固有インピーダンス Z_{02} とすると, 透過波の電界 E_t, 磁界 H_t の各成分は, やはり図 3·12 を参照して (E_{t0} は透過波電界の振幅),

$$E_{tx} = E_{t0} \cos \theta_t e^{-j\beta_2(x \sin \theta_t + z \cos \theta_t)} \tag{3·56}$$

$$E_{tz} = -E_{t0} \sin \theta_t e^{-j\beta_2(x \sin \theta_t + z \cos \theta_t)} \tag{3·57}$$

$$H_{ty} = \frac{E_{t0}}{Z_{02}} e^{-j\beta_2(x \sin \theta_t + z \cos \theta_t)} \tag{3·58}$$

前節で述べた境界条件より, いま前提にしている媒質では, 両媒質中の電界および磁界の境界面に平行な成分(接線成分)は, 境界面($z = 0$)において等

しくなければならない（式 (3・15), (3・16)′). すなわち $z = 0$ で,

$$
\left.
\begin{array}{l}
\text{電界の接線成分については } E_{ix} + E_{rx} = E_{tx} \\
\text{磁界の接線成分については } H_{iy} + H_{ry} = H_{ty}
\end{array}
\right\}
\tag{3・59}
$$

さらに, この条件が境界面上の任意の点で（すなわち任意の x）で成り立たなければならないことから, 次の**スネルの法則**と呼ばれる関係が得られる.

$$
\left.
\begin{array}{l}
\sin \theta_i = \sin \theta_r \\
\beta_1 \sin \theta_i = \beta_2 \sin \theta_t
\end{array}
\right\}
\tag{3・60}
$$

式 (3・60) の第 1 式より,

$$
\theta_i = \theta_r
\tag{3・61}
$$

すなわち, 入射角と反射角は等しい, というよく知られた**反射の法則**である.

また, 媒質 I, II の屈折率を n_1, n_2 とすると,

$$
n_1 = c/v_1, \quad n_2 = c/v_2 \quad (c \text{ は真空中の光速})
\tag{3・62}
$$

で定義される.

この関係を用いると, 式 (3・60) の第 2 式より,

$$
\frac{\sin \theta_i}{\sin \theta_t} = \frac{\beta_2}{\beta_1} = \frac{v_1}{v_2} = \frac{n_2}{n_1}
\tag{3・63}
$$

これは**屈折の法則**である.

以上の関係を用い, さらに, $\mu_1 = \mu_2$（通常の誘電体では透磁率は真空の透磁率 μ_0 に等しいと考えてよい）とおくと, 次の関係が導かれる.

$$
\left.
\begin{array}{l}
E_{r0} = \dfrac{\tan(\theta_i - \theta_t)}{\tan(\theta_i + \theta_t)} E_{i0} \\[4mm]
E_{t0} = \dfrac{2 \cos \theta_i \sin \theta_t}{\sin(\theta_i + \theta_t)\cos(\theta_i - \theta_t)} E_{i0}
\end{array}
\right\}
\tag{3・64}
$$

すなわち, 反射波および透過波の振幅が入射波の振幅から求められる.

❷　入射波が平行電界の場合

この場合, 入射平面波は**図 3・13** に示すように, 各電界は境界面に平行であり, 各磁界は入射面内にあり, それぞれの x, y, z 成分は次のようになる.

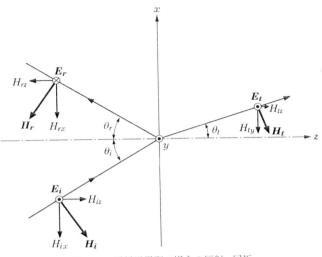

図 3·13 平行電界型の場合の反射・屈折

[入射波]

$$\left.\begin{aligned}
&E_{ix} = E_{iz} = 0 \\
&E_{iy} = E_{i0}e^{-j\beta_1(x\sin\theta_i + z\cos\theta_i)} \\
&H_{ix} = -\frac{E_{i0}}{Z_{01}}\cos\theta_i e^{-j\beta_1(x\sin\theta_i + z\cos\theta_i)} \\
&H_{iy} = 0 \\
&H_{iz} = \frac{E_{i0}}{Z_{01}}\sin\theta_i e^{-j\beta_1(x\sin\theta_i + z\cos\theta_i)}
\end{aligned}\right\} \qquad (3\cdot65)$$

[反射波]

$$\left.\begin{aligned}
&E_{rx} = E_{rz} = 0 \\
&E_{ry} = -E_{r0}e^{-j\beta_1(x\sin\theta_r - z\cos\theta_r)} \\
&H_{rx} = -\frac{E_{r0}}{Z_{01}}\cos\theta_r e^{-j\beta_1(x\sin\theta_r - z\cos\theta_r)} \\
&H_{ry} = 0 \\
&H_{rz} = -\frac{E_{r0}}{Z_{01}}\sin\theta_r e^{-j\beta_1(x\sin\theta_r - z\cos\theta_r)}
\end{aligned}\right\} \qquad (3\cdot66)$$

[透過波]

$$
\left.
\begin{aligned}
E_{tx} &= 0 \\
E_{ty} &= E_{t0}e^{-j\beta_2(x\sin\theta_t + z\cos\theta_t)} \\
E_{tz} &= 0 \\
H_{tx} &= -\frac{E_{t0}}{Z_{02}}\cos\theta_t e^{-j\beta_2(x\sin\theta_t + z\cos\theta_t)} \\
H_{ty} &= 0 \\
H_{tz} &= \frac{E_{t0}}{Z_{02}}\sin\theta_t e^{-j\beta_2(x\sin\theta_t + z\cos\theta_t)}
\end{aligned}
\right\}
\tag{3·67}
$$

　先の平行磁界（磁界ベクトルが境界面に平行）の場合に行った計算と同様に，境界面（$z = 0$）で電界，磁界の接線成分が連続でなければならないという条件を適用すると，次の関係が得られる．

$$
\left.
\begin{aligned}
E_{r0} &= \frac{\sin(\theta_i - \theta_t)}{\sin(\theta_i + \theta_t)}E_{i0} \\
E_{t0} &= \frac{2\cos\theta_i\sin\theta_t}{\sin(\theta_i + \theta_t)}E_{i0}
\end{aligned}
\right\}
\tag{3·68}
$$

　式 (3·64) と合わせて式 (3·68) は入射，反射および透過波の振幅の関係を示しており，**フレネルの公式**と呼ばれる．なお，平行電界型の場合にも式 (3·60) のスネルの法則が成り立つことは容易に導かれる．

3·6　表皮効果—マイクロ波の導体表面での現象

　電磁波が導体に入射した場合，導体中で電磁波は減衰するが，電磁波の周波数が高いほど急速に減衰する．いま，わかりやすくするために，**図 3·14** に示すように，平面波が平板な導体に垂直に入射したとしよう．導電率 $\sigma \neq 0$ のとき，電磁波の伝搬定数は式 (3·31) より，

$$
\gamma = \sqrt{-\omega^2\varepsilon\mu + j\omega\mu\sigma}
\tag{3·69}
$$

である．通常の導体では σ は十分大きいから，上の式右辺の平方根内の虚数部は実数部（の絶対値）に比べて十分大きい．すなわち，

$$
\sigma \gg \omega\varepsilon
$$

式 (3·69) 右辺にこの関係を適用し，前進波は $e^{-\gamma z}$ の形で進行することを考慮

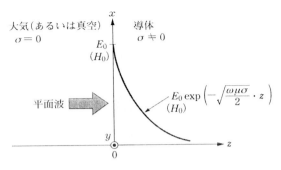

図3·14　導体中の電磁界の減衰

して，$\sqrt{j}$ の根のうち増大波に対応するものを除くと，$+z$ 方向に進行する波動に対応する根は $\sqrt{j} = 1/\sqrt{2} + j/\sqrt{2}$ である．したがって γ は次式となる．

$$\gamma = (1+j)\sqrt{\omega\mu\sigma/2} \tag{3·70}$$

$\gamma = \alpha + j\beta$ で表すと，導体中の電界は，

$$E = E_0 e^{-(\alpha + j\beta)z} \tag{3·71}$$

の形で進行する（E_0 は導体表面での電界）．式 (3·70) から減衰定数 $\alpha = \sqrt{\omega\mu\sigma/2}$ であり，σ は大きな値をもつ量であるから，導体中に入射した電磁波は急速に減衰することになる．このとき，式 (3·71) より電磁界の大きさが $z = 0$ における値の $1/e = 1/2.718 = 0.368$ まで減衰する距離を δ とおくと，

$$\delta = 1/\alpha = \sqrt{2/\omega\mu\sigma} \tag{3·72}$$

となり，δ のことをその導体の**表皮厚さ**（skin depth）と呼ぶ．この厚さが実効的に電磁界の存在する場所と考えてよい．**図3·15** は一例として，銅の表皮厚さと周波数の関係を示している．4 GHz 以上で表皮厚さは 1μm 以下となることがわかる．電流は電磁界の存在する場所にしか流れないから，導体中の高周波電流は表面から表皮厚さ内にしか実効的に流れないことになる．このような効果を**表皮効果**（skin effect）という．

　表皮効果により導体の高周波電流は表面に集中的に流れるため，実効的に抵抗が大きくなり，消費電力が増大する．導体表面の単位面積当たりに入射した平面波について，導体中で消費される電力を式 (3·71) の E を使って計算すると，次の式のように導かれる．

$$P = \sqrt{\sigma/2\omega\mu}\,|E_0|^2/2 \quad （E_0：振幅） \tag{3·73}$$

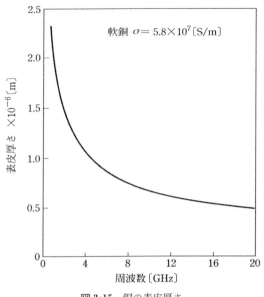

図 3・15　銅の表皮厚さ

3・7　マイクロ波電力の流れ

　この節ではマイクロ波の電力を求めるときに便利な**ポインティングベクトル**（poynting vector）について説明する．マイクロ波は正弦波振動する電磁波であるから，電磁界を時間項をあらわにして書き表すと，

$$E = \mathrm{Re}(\sqrt{2}\,E_0 e^{j\omega t}), \quad H = \mathrm{Re}(\sqrt{2}\,H_0 e^{j\omega t}) \tag{3・74}$$

ここで E_0 および H_0 は電界および磁界の振幅の実効値を表すが，一般に位相項を含むので複素ベクトルである．いま，交流理論で電力を求めるときに電圧 V と電流 I の共役複素量 $\bar{I}$（変数の上に付いている ̄（バー）はその変数の共役量を意味する）の積の実数部として求めたことからの類推で，電磁波の電力を電界と磁界の複素共役量との積の時間平均で表そう．ただし，電界，磁界はベクトルであるから積はベクトル積となる．T を振動の周期とすると結果は次の式となる．

$$W = \frac{1}{T}\int_0^T E \times \overline{H}\,dt = \mathrm{Re}(E_0 \times \overline{H_0}) \quad [\mathrm{W/m^2}] \tag{3・75}^*$$

式（3・75）右辺括弧内を，

$$S_c = \boldsymbol{E}_0 \times \overline{\boldsymbol{H}_0} \quad [\mathrm{W/m^2}] \tag{3·76}$$

とおくと,ベクトル S_c は電界,磁界の両ベクトルに直角な方向,すなわち電磁波の進行方向を向いているから,進行方向に単位面積,単位時間当たりの電磁波電力の流れを表している.ベクトル S_c を**複素ポインティングベクトル**と呼ぶ.

複素ポインティングベクトルは**ポインティングの定理**に由来している.それは次のように示される.電磁波の電界および磁界ベクトル $\boldsymbol{E}$ および $\boldsymbol{H}$ のベクトル積の発散(div.,ダイバージェンス:**3·1** 節参照)をとると,ベクトル公式より,

$$\mathrm{div}(\boldsymbol{E} \times \boldsymbol{H}) = \boldsymbol{H} \cdot (\nabla \times \boldsymbol{E}) - \boldsymbol{E} \cdot (\nabla \times \boldsymbol{H}) \tag{3·77}$$

この式の右辺に式 (3·1) および (3·2) を代入して式 (3·3) を用いると,

$$\mathrm{div}(\boldsymbol{E} \times \boldsymbol{H}) = -\boldsymbol{H} \cdot \frac{\partial \boldsymbol{B}}{\partial t} - \boldsymbol{E} \cdot \left(\frac{\partial \boldsymbol{D}}{\partial t} + \boldsymbol{J} \right) = -\mu \boldsymbol{H} \cdot \frac{\partial \boldsymbol{H}}{\partial t} - \varepsilon \boldsymbol{E} \cdot \frac{\partial \boldsymbol{E}}{\partial t} - \sigma \boldsymbol{E} \cdot \boldsymbol{E}$$

$$= -\frac{\partial}{\partial t} \left(\frac{\mu H^2}{2} + \frac{\varepsilon E^2}{2} \right) - \sigma E^2 \tag{3·78}$$

この式の最右辺にある $\varepsilon E^2/2$ および $\mu H^2/2$ はそれぞれ単位体積当たりに蓄積されている電気および磁気エネルギーである.いま,電磁界の存在する空間領域を V,この領域を囲む閉曲面を A として,式 (3·78) 両辺を体積 V に関して積分すると,ガウスの定理を適用して,

$$\int_V \mathrm{div}(\boldsymbol{E} \times \boldsymbol{H}) dV = \int_A (\boldsymbol{E} \times \boldsymbol{H}) \cdot d\boldsymbol{A}$$

$$= -\frac{\partial}{\partial t} \int_V \left(\frac{1}{2} \varepsilon E^2 + \frac{1}{2} \mu H^2 \right) dV - \int_V \sigma E^2 dV \tag{3·79}$$

右辺第 1 項は空間領域に蓄積されている電磁エネルギーの時間的な減少率を表

---

* $\quad \boldsymbol{E} \times \overline{\boldsymbol{H}} = \mathrm{Re}(\sqrt{2}\,\boldsymbol{E}_0 e^{j\omega t}) \times \mathrm{Re}(\sqrt{2}\,\overline{\boldsymbol{H}_0} e^{-j\omega t})$

$\qquad = \frac{1}{2}(\boldsymbol{E}_0 e^{j\omega t} + \overline{\boldsymbol{E}_0} e^{-j\omega t}) \times (\boldsymbol{H}_0 e^{j\omega t} + \overline{\boldsymbol{H}_0} e^{-j\omega t})$

$\qquad = \frac{1}{2}(\boldsymbol{E}_0 \times \overline{\boldsymbol{H}_0} + \overline{\boldsymbol{E}_0} \times \boldsymbol{H}_0 + \boldsymbol{E}_0 \times \boldsymbol{H}_0 e^{j2\omega t} + \overline{\boldsymbol{E}_0} \times \overline{\boldsymbol{H}_0} e^{-j2\omega t})$

と変形できる.この式の両辺を 1 周期積分すると $e^{\pm j2\omega t}$ のかかる項は 0 であり,また $\boldsymbol{E}_0 \times \overline{\boldsymbol{H}_0} + \overline{\boldsymbol{E}_0} \times \boldsymbol{H}_0 = \boldsymbol{E}_0 \times \overline{\boldsymbol{H}_0} + \overline{\boldsymbol{E}_0 \times \overline{\boldsymbol{H}_0}} = 2\mathrm{Re}(\boldsymbol{E}_0 \times \overline{\boldsymbol{H}_0})$ の関係を用いた.

し，第 2 項はその領域内でジュール熱として損失される電力である．その結果，中央の式と右辺との関係は領域 V の中で失われるエネルギーは領域を囲む面 A から流れ出るエネルギーに等しいこと，つまり，エネルギー保存則を表している．この関係をポインティング（Poynting）の定理という．そして，式（3・79）の中央の式にある $E \times H$ を，

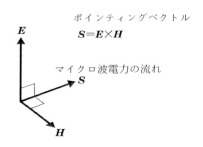

ポインティングベクトル
$$S = E \times H$$

マイクロ波電力の流れ

図 3・16　ポインティングベクトル

$$S = E \times H \tag{3・80}$$

とおいて S をポインティングベクトルと呼ぶ（**図 3・16**）．上の式からもわかるように，ベクトル S は閉曲面 A の単位面積から単位時間に外部に流出するエネルギーの密度と方向を示す量であり，MKS 単位では〔W/m²〕である．正弦波振動する電磁波についてはポインティングベクトルの時間平均値が複素ポインティングベクトルに等しい．

第3章　演習問題

1. 電波インピーダンス Z_{w1} および Z_{w2} をもった媒質1および媒質2が平面状の境界を作っている．媒質1側から平面波が境界面に入射したとき，境界面における電磁波電界の反射係数を Z_{w1} および Z_{w2} を用いて表せ．結果を伝送線路の反射係数式 $(2\cdot27)$ と比較せよ．ただし，媒質2は無限の厚さをもっているとする．

2. 導体で消費される電力を表す式 $(3\cdot73)$ を，交流理論において電力を求める式 $W = \mathrm{Re}(V \cdot I)$ に基づく方法とポインティングベクトルによる方法によって導出せよ．V, I は実効値とする．

3. 十分な厚さをもった平板な銅（導電率 $\sigma = 5.8 \times 10^7 \mathrm{S/m}$）に垂直に平面電磁波が入射した．電磁波の周波数 $10\,\mathrm{GHz}$，電界強度 $1\,\mathrm{mV/m}$ のとき，単位面積当たりの銅板内での消費電力を求めよ．ただし，銅の透磁率は真空のそれと同じで $\mu = 4\pi \times 10^{-7}\mathrm{H/m}$ とする．

マイクロ波の伝送

第4章

　第2章でマイクロ波の伝送線路を1次元の分布定数線路として扱い，いろいろな性質を調べた．実際のマイクロ波線路は立体的な構造をしており，線路を伝搬する電磁波の電界・磁界は様々な分布・形状となる．これを電磁界のモード（mode 姿態）と呼ぶ．線路の伝搬特性はモードごとに異なるが，通常は最も損失の少ないモードを伝搬させる．またマイクロ波の伝送線路には多くの種類があり，周波数あるいは用途に応じて使い分けられるが，この章ではマイクロ波の伝送線路を電磁気的に調べてみよう．

4·1　伝送線路上の電磁波のモード

　電磁波がある伝送線路によって伝搬する場合，自由空間を伝搬する場合と違って，進行方向に対する電界，磁界の向きにいろいろな組合せがある．いま，3次元構造の伝送線路において x-y-z の直角座標を設け，線路上の伝搬方向を z 軸にとる．一般的には電界，磁界は任意の方向に成分をもつことができる．

　空間電荷のない場合，角速度 ω の正弦波波動について式（3·26）第1，2式両辺の回転をとり，第3，4式を用いると電界・磁界の各成分は，

$$\frac{\partial^2 E_\alpha}{\partial x^2} + \frac{\partial^2 E_\alpha}{\partial y^2} + \frac{\partial^2 E_\alpha}{\partial z^2} = j\omega\mu(\sigma + j\omega\varepsilon)E_\alpha \quad (\alpha = x,\ y,\ z)$$

の形にまとめることができるが，伝搬方向成分（E_z, H_z）に関して，伝搬定数を $\gamma(\partial/\partial z = -\gamma)$ として演算すると，次の2つの式となる．

$$\frac{\partial^2 E_z}{\partial x^2} + \frac{\partial^2 E_z}{\partial y^2} = -k^2 E_z \tag{4・1}$$

$$\frac{\partial^2 H_z}{\partial x^2} + \frac{\partial^2 H_z}{\partial y^2} = -k^2 H_z \tag{4・2}$$

ここで,

$$k^2 = \gamma^2 - j\omega\mu(\sigma + j\omega\varepsilon) \tag{4・3}$$

k は伝送線路を伝搬する電磁波の性質を決めるので,**固有値**と呼ばれる. 伝送線路の構造が与えられれば, 構造に応じた境界条件が定まるから, 境界条件に従って式 (4・1) 〜 (4・3) から E_z, H_z が求まる. 残りの各成分は E_z, H_z を用いて式 (3・27) より求まる. 例えば, E_x は式 (3・27) 第 2, 4 式から H_y を消去すればよい. こうして, 伝搬する電磁波はその伝搬方向成分 E_z, H_z に注目して次の 4 つのモードに分類される.

(1)　$E_z = 0$, $H_z = 0$：**TEM モード** (transverse electromagnetic mode)

(2)　$E_z = 0$, $H_z \neq 0$：**TE モード** (transverse electric mode)

(3)　$E_z \neq 0$, $H_z = 0$：**TM モード** (transverse magnetic mode)

(4)　$E_z \neq 0$, $H_z \neq 0$：**ハイブリッドモード** (hybrid mode)

図 4・1 に 4 つのモードの電磁界の模様を示してある.

TEM 波は進行方向に電磁界がないから, 前章で述べた平面波は TEM 波のひとつである. この場合は式 (4・1), (4・2) が使えないから, マクスウェルの方程式に戻って TEM 条件を適用すると,

$$k^2 = \gamma^2 - j\omega\mu(\sigma + j\omega\varepsilon) = 0 \tag{4・4}$$

でなければならないという結果が得られる. したがって,

$$\gamma = \sqrt{j\omega\mu(\sigma + j\omega\varepsilon)} \tag{4・5}$$

となり, 伝搬定数, 位相速度などは 3・3 節で述べた平面波の場合と同じになる.

　TEM 波の場合, x および y の関数 ϕ を導入し,

$$E_x = -\frac{\partial \phi}{\partial x}, \quad E_y = -\frac{\partial \phi}{\partial y} \tag{4・6}$$

とおき, これらを (3・26) 第 3 式 (電荷がないとき電界の発散が 0) に代入すると,

$$\frac{\partial^2 \phi}{\partial x^2} + \frac{\partial^2 \phi}{\partial y^2} = 0 \tag{4・7}$$

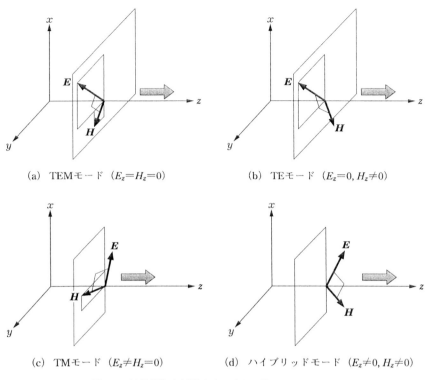

(a) TEMモード（$E_z = H_z = 0$）　　　(b) TEモード（$E_z = 0, H_z \neq 0$）

(c) TMモード（$E_z \neq H_z = 0$）　　　(d) ハイブリッドモード（$E_z \neq 0, H_z \neq 0$）

図4・1　伝送線路を伝搬するマイクロ波の4つのモード

となる．すなわち，式 (4・6) より電界の x，y 成分はその関数の x，y 方向の勾配に等しいから，ϕ は電位（ポテンシャル）関数である．さらに，式 (4・7) はラプラスの方程式，すなわち，静電ポテンシャルが電荷のない空間で満たす方程式である．磁界に関しても電界と全く同じ関係が得られる．式 (4・5)，(4・7) から導かれる事実は次のとおりである．

（1）　線路上の TEM 波の伝搬速度，波長は線路の置かれている空間を占める媒質中の平面波のそれらに等しい．

（2）　TEM 波の電磁界はその伝搬方向に垂直な面内にあるが，それは静電磁界の法則に従う．

（3）　したがって，直流から伝搬可能である．

（4）　静電磁界は導体で囲まれた空間では存在しないから，TEM 波もその

ような線路（例えば，後で述べる導波管）では伝送できない．

　TEM 波を伝送するには分離した一対の導体が必要である．

　TE 波の場合は，$H_z \neq 0$ であるから，マクスウェルの方程式に $E_z = 0$ を代入して，H_z に関する方程式を導くことができる．したがって，H_z が求まれば他の電磁界の成分はすべて求まる．

　TM 波の場合は同様に $E_z \neq 0$ であるから，E_z に関する方程式が得られ，その他の成分は E_z から求まる．

　ハイブリッド波は他の 3 つのモードの合成として求まる．

4・2　平行 2 線（レッヘル線）

　図 4・2 は平行 2 線からなる伝送線路を示している．平行 2 線は分離された一対の導線であるから，TEM モードを伝送できる．図 4・2 にはある瞬間における電磁界の様子も示してある．TEM モードであるからこの線路の位相定数，位相速度などは式 (3・38)，(3・39) と同じ式で与えられる．

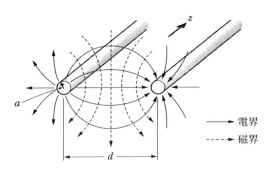

図 4・2　平行 2 線の電磁界

　一般に 2 つの導体からなる伝送線路の TEM モードに対する特性インピーダンスは，各導体に流れる電流を I，両導体間の電位差を ϕ とすると，

$$Z_c = \phi / I \tag{4・8}$$

で定義できる．式 (4・8) の右辺を計算すると，結局次式を得る．

$$Z_c = \sqrt{\varepsilon \mu} / C \tag{4・9}^*$$

---

*　巻末の付録（p.167）参照．

ただし，C は両導体間の単位長さ当たりの容量である．平行 2 線の場合，図 4·2 のように寸法を定めると，

$$C = \frac{\pi\varepsilon}{\ln\dfrac{d+\sqrt{d^2-4a^2}}{2a}} \tag{4·10}$$

となるから，線径が間隔に比べて十分に小さい $(a \ll d)$ 場合は，

$$Z_c \cong \frac{Z_w}{\pi} \ln\frac{d}{a} \tag{4·11}$$

ただし，Z_w は媒質の電波インピーダンス $\sqrt{\mu/\varepsilon}$ である．

　平行 2 線は開放構造であるから電磁波の放射による損失が大きい．線の間隔 d が伝搬波の波長 λ に比べて十分小さいときは，両線からの放射が打ち消し合って放射損失は小さいが，間隔が大きくなると，放射損は $(d/\lambda)^2$ に比例して大きくなる．しかし，構造が簡単で扱いやすいため，家庭における VHF 帯テレビのフィーダ線に用いられている．実際の構造は 2 線の間隔が一定となるように絶縁体で固定した線路となっている．

4·3　平行板線路

　平行板線路は**図 4·3** に示したように，幅 w の 2 枚の平板導体を間隔 d で平行に並べた線路である．TEM モードでは電界は両導体間に垂直になり，磁界は両導体に水平に存在する．図 4·3 では，平行板に沿って z 方向に進行する電磁波のある瞬間の電磁界を描いてある．平行板の幅の両端では，電界が外側にはみ出すが（これを**端効果**（edge effect）という），間隔 d が幅 w に比べて十分小さい場合は，この効果は無視できる．

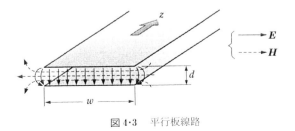

図 4·3　平行板線路

このような線路は TEM モード以外のモードも伝搬可能であるが，いまは TEM モードのみを考える．そうすると，伝搬に関する諸定数は式 (3・36)，(3・38)，(3・39) と同じである．線路としての特性インピーダンスは式 (4・9) 右辺の C を求めればよい．平行平板導体間の容量は，その面積を S，間隔を d とすると，

$$C = \varepsilon S/d \tag{4・12}$$

で与えられる．S の代わりに線路の単位長さ当たりの面積 w を代入すると，

$$C = \varepsilon w/d \tag{4・13}$$

となる．これを式 (4・9) の右辺に代入すると，次のように平行平板線路の特性インピーダンスが求まる．

$$Z_c = \frac{d}{w}\sqrt{\frac{\mu}{\varepsilon}} = \frac{d}{w} Z_w \tag{4・14}$$

Z_w は電波インピーダンスである．

平行平板の間に誘電体を挿入すると，電界はほとんど間隙内に集まり，より有効なマイクロ波伝送線路となる．これは後に述べるストリップ線路の原理となるもので，マイクロ波集積回路に欠かせないものである．

4・4 同軸線路

同軸線路は図 4・4 に概略図を描いたように，円筒状の導体 (外導体) の中心

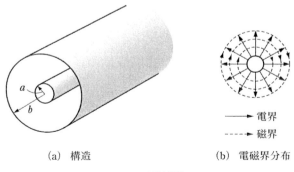

| (a) 構造 | (b) 電磁界分布 |

→ 電界
----→ 磁界

図 4・4 同軸線路

軸上に線状の導体（内導体）を配した構造となっている．内導体を外導体の中心に支えるために，両導体の隙間に誘電体を詰めてある．

同軸線路を伝搬する電磁波の基本モードは TEM モードであるから，伝搬に関わる定数（位相定数，位相速度など）は平面波の場合と同じである．特性インピーダンスも式（4・9）で与えられるから，内外導体間の容量を求めればよい．内導体の半径を a，外導体の内半径を b とすると，線路単位長さ当たりの容量は，

$$C = \frac{2\pi\varepsilon}{\ln\dfrac{b}{a}} \tag{4・15}*$$

と計算される．したがって，特性インピーダンスは次式となる．

$$Z_c = \frac{1}{2\pi}\sqrt{\frac{\mu}{\varepsilon}}\ln\frac{b}{a} = \frac{Z_w}{2\pi}\ln\frac{b}{a} \tag{4・16}$$

ここで Z_w は媒質の電波インピーダンスである．

同軸線路は外部空間への放射損がなく，マイクロ波帯での代表的な伝送線路であり，機器同士を接続する場合などに使用され，自由に曲げられるフレキシブル型の同軸ケーブルが多く用いられる．同軸線路は使用しやすい線路であるが，周波数が高くなると，内導体の導体損に加えて内導体を支持する誘電体の損失も増加するため，伝送損失が急激に大きくなる．

---

*　この式は比較的簡単に次のように導かれる．同軸線路の単位長さ当たりの内外導体表面の電荷を $\pm q$ とし，内外導体間の半径 r の位置の電界（半径方向の成分しかない）を E_r とすると，ガウスの定理より，

$$E_r = q/2\pi\varepsilon r \quad (a < r < b)$$

したがって内外導体間の電位差 ϕ は，

$$\phi = -\int_b^a E_r dr = \frac{q}{2\pi\varepsilon}\ln\frac{b}{a}$$

となる．内外導体間の静電容量 C は単位長さ当たり，

$$C = q/\phi = 2\pi\varepsilon/\ln\frac{b}{a}$$

4·5　方形導波管

　一般に**導波管**（wave guide）とは，管状の導体のみで構成され，管の内部空間を電磁波が伝搬するものをいう．したがって，電磁波は外部空間に放散することなく伝搬する．また表面積を大きくできるため，伝送損失は他の線路に比べて最も小さい．1つの導体で囲まれているため，TEM モードは伝搬できず，TE モードと TM モードしか伝搬しない．また，伝搬可能な電磁波の周波数には下限がある．実用されている管の形状には断面が方形のものと円形のものがある．ここでは**方形導波管**について述べる．

　方形導波管は内面が方形の管状導体から構成される（**図 4·5**）．伝搬モードはTE モードか TM モードが存在し得る．各モードの電磁界分布を調べてみよう．

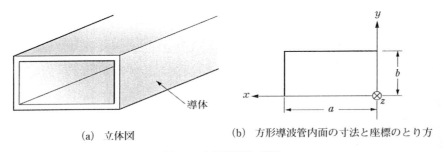

(a)　立体図　　　　　　　(b)　方形導波管内面の寸法と座標のとり方

図 4·5　方形導波管の構造

① TE モード

　$E_z = 0$ であるから式（3·27）および（4·2）を用いて H_z を求める．境界条件としては管内表面で電界の接線成分が 0，すなわち，図 4·5（b）のように座標を定めると，次のようになる．ただし，導波管内は無損失，すなわち導電率 $\sigma = 0$ とする．

$$\left.\begin{array}{l} x = 0,\ a\ で\ E_y = 0 \\ y = 0,\ b\ で\ E_x = 0 \end{array}\right\} \tag{4·17}$$

この条件のもとに H_z を求めると（演習問題 4 参照），

$$H_z = H_{mn} \cos\frac{m\pi}{a}x \cdot \cos\frac{n\pi}{b}y \tag{4·18}$$

$$k^2 = \left(\frac{m\pi}{a}\right)^2 + \left(\frac{n\pi}{b}\right)^2 \qquad (4\cdot19)$$

ただし，m，n は整数であり，H_{mn} はそのモードの振幅を示す．H_z から他の電磁界成分は次のように求まる．

$$\left.\begin{aligned}
E_x &= -\frac{j\omega\mu}{k^2}\frac{\partial H_z}{\partial y} = \frac{j\omega\mu}{k^2}\frac{n\pi}{b}H_{mn}\cos\frac{m\pi}{a}x\cdot\sin\frac{n\pi}{b}y \\[2mm]
E_y &= \frac{j\omega\mu}{k^2}\frac{\partial H_z}{\partial x} = -\frac{j\omega\mu}{k^2}\frac{m\pi}{a}H_{mn}\sin\frac{m\pi}{a}x\cdot\cos\frac{n\pi}{b}y \\[2mm]
H_x &= -\frac{\gamma}{k^2}\frac{\partial H_z}{\partial x} = \frac{\gamma}{k^2}\frac{m\pi}{a}H_{mn}\sin\frac{m\pi}{a}x\cdot\cos\frac{n\pi}{b}y \\[2mm]
H_y &= -\frac{\gamma}{k^2}\frac{\partial H_z}{\partial x} = \frac{\gamma}{k^2}\frac{n\pi}{b}H_{mn}\cos\frac{m\pi}{a}x\cdot\sin\frac{n\pi}{b}y
\end{aligned}\right\} \qquad (4\cdot20)$$

ただし，γ は式 (4・3) で与えられる．

以上からわかるように，TE 波は m，n の値の組合せにより様々な電磁界の伝搬モードが存在し得る．したがって，m，n の値を付けてそれぞれ TE_{mn} モードと名づけられている．通常の導波管では $m=1$，$n=0$ のモード，すなわち，TE_{10} モードを**主モード**と呼び，このモードがもっぱら用いられる．

TE_{10} モードの電磁界の成分は式 (4・18) ～ (4・20) より，

$$\left.\begin{aligned}
H_z &= H_{10}\cos\frac{\pi}{a}x \\[2mm]
E_x &= 0 \\[2mm]
E_y &= -\frac{j\omega\mu}{k^2}\frac{\pi}{a}H_{10}\sin\frac{\pi}{a}x = -j\omega\mu\frac{a}{\pi}H_{10}\sin\frac{\pi}{a}x \\[2mm]
&= E_{10}\sin\frac{\pi}{a}x \\[2mm]
H_x &= \frac{\gamma}{k^2}\frac{\pi}{a}H_{10}\sin\frac{\pi}{a}x = \gamma\frac{a}{\pi}H_{10}\sin\frac{\pi}{a}x \\[2mm]
H_y &= 0
\end{aligned}\right\} \qquad (4\cdot21)$$

となり，比較的わかりやすい分布となる．通常，導波管の断面の幅の広い方を a とし，狭い方を b とする．ただし，E_{10} は $x = a/2$（導波管幅中央）における

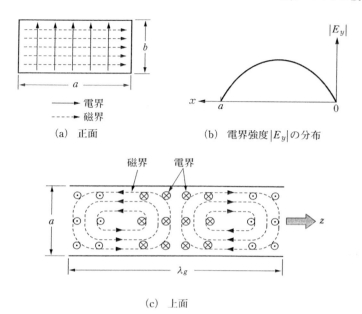

(a) 正面　　　　　　(b) 電界強度 $|E_y|$ の分布

(c) 上面

図 4・6　方形導波管 TE₁₀ モードの電磁界模様

E_y の振幅である．（$E_{10} = -j\omega\mu a\,H_{10}/\pi$）

  TE₁₀ モードの電磁界の模様を**図 4・6** に示す．このモードでは幅 a の導体面に対してつねに電界は法線成分のみ，磁界は接線成分のみであることを考慮してある．同図 (a) は導波管断面の正面から見たある瞬間の分布，同図 (c) は幅 a（H 面）の上方から見た分布を示している．同図 (b) は同図 (a) の電界強度分布を示している．TE₁₀ モードでは幅の中央で最大値となり，両側面で 0 となる．同図 (c) からわかるように，磁界は電界に垂直な面内で回転している．この図では後の **4** で説明する管内波長（λ_g）の 1 波長分の分布を描いてある．なお，式 (4・21) の E_y を与える式の右辺に $-j$ がかかっていることから，第 1 式の与える H_z の分布に対し時間的あるいは距離的（z 方向）に $\pi/2$ 遅れた時間あるいは位置における E_y の分布であることを示している．

  $m = 2$，$n = 0$ に対応した TE₂₀ モードは**図 4・7** に示すように，導波管の横幅を半分に分けて，左右それぞれの領域に TE₁₀ モードが位相を逆転して伝搬する分布となっている．したがって，幅の中心に導体壁を設けても TE₂₀ モー

ドの伝搬になんら影響はない.

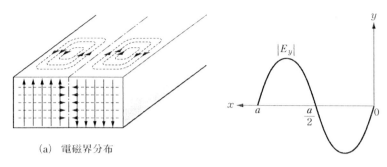

(a) 電磁界分布

(b) 断面の電界強度分布

図 4·7　TE$_{20}$ モードの電磁界

2 TM モード

TM モードは $H_z = 0$ であるから，式 (3·27) および (4·1) を用いて計算すると，次の諸式が求まる.

$$
\left.
\begin{aligned}
E_z &= E_{mn} \sin\frac{m\pi}{a} x \cdot \sin\frac{n\pi}{b} y \\[2mm]
E_x &= -\frac{\gamma}{k^2}\frac{m\pi}{a} E_{mn} \cos\frac{m\pi}{a} x \cdot \sin\frac{n\pi}{b} y \\[2mm]
E_y &= -\frac{\gamma}{k^2}\frac{n\pi}{b} E_{mn} \sin\frac{m\pi}{a} x \cdot \cos\frac{n\pi}{b} y \\[2mm]
H_x &= \frac{j\omega\varepsilon}{k^2}\frac{n\pi}{b} E_{mn} \sin\frac{m\pi}{a} x \cdot \cos\frac{n\pi}{b} y \\[2mm]
H_y &= -\frac{j\omega\varepsilon}{k^2}\frac{m\pi}{a} E_{mn} \cos\frac{m\pi}{a} x \cdot \sin\frac{n\pi}{b} y
\end{aligned}
\right\}
\tag{4·22}
$$

ただし，k は TE モードの場合と同じで，式 (4·19) で与えられる. 式 (4·22) の第 1 式より m, n のいずれかが 0 のときは $E_z = 0$ となり，TM モードの定義と矛盾するので，TM 波の最低次のモードは $m = 1$，$n = 1$ すなわち TM$_{11}$ モードである. TM$_{11}$ モードの電磁界を導波管断面の正面から見た分布として式 (4·22) に基づいて描いたものが図 4·8 である.

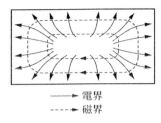

——→ 電界
-----→ 磁界

図 4・8　方形導波管 TM₁₁ モードの電磁界

③ 導波管のモードと遮断周波数

　方形導波管を伝搬するマイクロ波の伝搬定数 γ は式 (4・3) より ($\sigma = 0$),

$$\gamma = \sqrt{k^2 - \omega^2 \varepsilon \mu} \tag{4・23}$$

である. 右辺根記号内の値が正, 負および 0 に従い, 次のような伝搬特性となる.

　(1)　$k^2 > \omega^2 \varepsilon \mu$ のとき, γ は実数となり, マイクロ波は減衰し伝搬しない.

　(2)　$k^2 < \omega^2 \varepsilon \mu$ のとき, γ は純虚数となり, 伝搬可能である.

　(3)　$k^2 = \omega^2 \varepsilon \mu$ のとき,

$$k = \omega \sqrt{\varepsilon \mu} = \omega / c \tag{4・24}$$

このときの ω を ω_c で表し, その周波数を f_c とすると,

$$f_c = \frac{\omega_c}{2\pi} = \frac{ck}{2\pi} = \frac{c}{2\pi} \sqrt{\left(\frac{m\pi}{a}\right)^2 + \left(\frac{n\pi}{b}\right)^2} \tag{4・25}$$

で表され, f_c のことを導波管の**遮断周波数** (cut off frequency) という. 導波管は遮断周波数より高い周波数の電磁波しか伝搬できない. 導波管の横幅 a と高さ b が $a > b$ の場合, $m = 1$, $n = 0$ のときが最も低い遮断周波数となり, 次式となる.

$$f_c = c/2a \tag{4・26}$$

　すなわち, TE₁₀ モードが導波管の最も低い遮断周波数をもつことから, **基本モード**と名づけられる. なお, $\lambda_c = 2a$ が遮断波長である.

　導波管は通常 $a \geqq 2b$ の形に作られているから, TE₁₀ モードの次に低い遮断周波数をもつモードは TE₂₀ モードである. TE₂₀ モードの遮断周波数は式 (4・25) より,

$$f_c = c/a \tag{4·27}$$

である．使用したいマイクロ波の周波数が導波管の TE_{10} モードの遮断周波数と TE_{20} モードの遮断周波数との間の値となるような導波管を用いれば，TE_{10} モード以外のモード（これを高次モードという）は伝搬できないから，安定した伝送路となる．

4　位相速度

方形導波管を伝搬するマイクロ波の位相定数は式（4·23）より，

$$\beta = \sqrt{\omega^2 \varepsilon \mu - k^2} \tag{4·28}$$

したがって，位相速度 v_p は，

$$v_p = \omega/\beta = \omega/\sqrt{\omega^2 \varepsilon \mu - k^2} \tag{4·29}$$

TE_{10} モードにおいては $k = \pi/a$ であるから，$c = 1/\sqrt{\varepsilon \mu}$ および ω_c を使って，

$$v_p = \frac{\omega}{\sqrt{\left(\dfrac{\omega}{c}\right)^2 - \left(\dfrac{\pi}{a}\right)^2}} = \frac{c}{\sqrt{1 - \left(\dfrac{\omega_c}{\omega}\right)^2}} \tag{4·30}$$

伝搬可能な波の角周波数 ω は $\omega > \omega_c$ であるから，$v_p > c$ となり，伝搬波の位相速度は光速より大きくなる．位相速度は後に述べるエネルギーの伝搬速度ではないから，アインシュタインの相対性原理に矛盾するわけではない．ここで TE_{10} モードの位相速度について少し詳しく調べてみよう．

図 4·9 に示すように，紙面に垂直方向の偏波面をもつ 2 つの同じ周波数，したがって同じ波長 λ の平面波 A および B が，z 軸に対し $\pm \theta$ の角度をなして互いに斜めに進行している状態を考えよう．両波面が交差する z 軸上で両波は同じ位相になっているとする．このような空間に導波管を，その両側面が紙面に垂直に，管軸が z 軸に一致するように置いたとしよう．ここで A，B 両波の基準となる波面を 0 波面とし，各 0 波面の導波管側面 1 および 2 との交点 O，O′ が同じ z 位置にあるとする（$\overline{\mathrm{OO'}} = a$）．導波管の側面では電界は 0 でなければならないから，そのためには，例えば側面 2 の O′ 点で A 波と B 波の位相は逆位相（180°ずれる）とならなければならない．この条件を満たすには，図示のように，A 波の $\lambda/2$ 波面（点 O を基準として半波長進んだ波面）が点 O′ を通るような傾きで A 波が進行していればよい．そのとき A 波の $\lambda/2$ 波面と

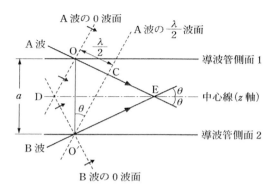

斜めに入射した 2 平面波，A，B の合成
された波の位相が z 方向に進行する．

図 4·9　方形導波管の位相速度

$\overline{\text{OO}'}$ のなす角は θ である．そうすると，A，B 波の進行方向がそれぞれ導波管の中心線に対して θ となる．

次に，A，B 波がそれぞれ点 O，O′ から点 E まで進む間に A，B 波の波面の交点は点 D から点 E まで進む．この距離 $\overline{\text{DE}}$ が導波管内を伝搬するマイクロ波の位相速度に比例しており，両波はともに光速 c で進むから次の関係が成り立つ．

$$\frac{\overline{\text{DE}}}{\overline{\text{OE(O'E)}}} = \frac{v_p}{c} \tag{4·31}$$

$\triangle\text{ODE}(=\triangle\text{O'DE})$ は $\triangle\text{OO'C}$ と相似であるから，

$$\frac{v_p}{c} = \frac{\overline{\text{DE}}}{\overline{\text{OE}}} = \frac{\overline{\text{OO}'}}{\overline{\text{O'C}}} = \frac{a}{\sqrt{a^2-(\lambda/2)^2}} = \frac{1}{\sqrt{1-(\lambda/2a)^2}}$$

$$= \frac{1}{\sqrt{1-(\lambda/\lambda_c)^2}} = \frac{1}{\sqrt{1-(\omega_c/\omega)^2}} \tag{4·32}$$

この式は式（4·30）と同じであるから，方形導波管の TE_{10} モードの伝搬は 2 つの平面波の合成とみなすことができる．あるいは，2 つの平面波が導波管の側面の対称の位置で反射しながら進行していると考えても同じことである．

図 4·9 で，平面波の波長 λ が大きくなる（周波数が低くなる）と，点 O′ における境界条件を満たすために，θ は大きくなり，ついには $\pi/2$ になる．この

とき位相速度は無限大で，A，B両平面波の進行方向は導波管側面に垂直となり，z 方向に進行しなくなる．すなわち，このときの周波数が遮断周波数である．

導波管を伝搬するマイクロ波の波長は**管内波長**といい，λ_g で表す．TE_{10} モードの場合，λ_g は次の式で与えられる．

$$\lambda_g = \frac{v_p}{f} = \frac{c}{f\sqrt{1-(\omega_c/\omega)^2}} = \frac{\lambda}{\sqrt{1-(\lambda/\lambda_c)^2}} \qquad (4\cdot33)$$

5　導波管のその他の特性

前節までに述べた2つの導体からなる伝送線では，導体間の電位差があるから線路の特性インピーダンスが一義的に定義された（式 (4・8) など）．しかし，導波管では一義的な電位差が存在しないため特性インピーダンスは定義できない．例えば TE_{10} モードの場合，導波管の上壁の幅 a 全体を $+z$ 方向に流れる電流 I は，式 (3・16)″ および (4・21) 第4式より，$\gamma = j\beta$ とおいて次のように求まる．

$$I = \int_0^a H_x dx = j\beta \frac{a}{\pi} H_{10} \int_0^a \sin\frac{\pi}{a} x dx = j2\beta \left(\frac{a}{\pi}\right)^2 H_{10}$$

ところが，導波管の幅 a 方向の任意の位置 x で，垂直方向の電圧 V は式 (4・21) 第3式より，

$$V = -\int_0^b E_y dy = -j\omega\mu \frac{ab}{\pi} H_{10} \sin\frac{\pi}{a} x$$

となり，場所によって電圧は異なってくる．

導波管の位相速度は光速より大きく，マイクロ波のエネルギーを伝送する速度ではないことは図4・9の説明からも理解できる．TE_{10} モードの場合，エネルギーの伝搬速度は図4・9において，A，B両平面波がエネルギーを伝送しているのであるから，導波管内の z 方向の**エネルギー伝搬速度** v_g は，

$$v_g = c \cdot \cos\theta$$

となる．$\cos\theta = \sqrt{a^2-(\lambda/2)^2}/a$ であるから，

$$v_g = c\sqrt{1-(\lambda/2a)^2} = c\sqrt{1-(\lambda/\lambda_c)^2}$$
$$= c\sqrt{1-(\omega_c/\omega)^2} \qquad (4\cdot34)$$

となり，光速より小さくなる．

　エネルギーの伝搬速度 v_g は一般的には**群速度**と呼ばれ，位相定数を角周波数で偏微分した値の逆数で与えられる．すなわち，

$$v_g = \frac{1}{\partial\beta/\partial\omega} \tag{4・35}$$

この式の右辺の演算を実施すると式 (4・34) が得られる．

　伝送電力は伝搬モードのポインティングベクトルを伝搬方向の断面積にわたって積分することにより求まる．TE$_{10}$ モードの場合，結果は次式となる（演習問題 5 参照）．

$$P = \frac{\omega\beta\mu a^3 b}{4\pi^2}|H_{10}|^2 = \frac{\beta ab}{4\omega\mu}|E_{10}|^2 \quad (H_{10},\, E_{10}：振幅) \tag{4・36}$$

4・6　円形導波管

　実用導波管には方形のほかに円形導波管がある．これは**図 4・10** に示すように，断面が円形の導波管であり，やはり TE モードと TM モードが存在する．電磁界分布は円筒座標を用いて解析されるが，方形導波管と同様，多数のモードが伝搬可能で，やはり 2 つの添字 m, n で表す．そして各モードに対して固有値が存在し，したがって遮断周波数，位相速度などが方形導波管の場合と同じ式で計算される．ここでは解析は省略して，主要な電磁界モードについて結果のみを述べる．同図 (a) にあるのは円形 TE$_{01}$ モードと呼ばれる．同図 (b) は円形 TE$_{11}$ モードと呼ばれ，方形導波管の TE$_{10}$ モードに相当する．すなわち，TE$_{10}$ モードが伝搬している方形導波管の 4 つのコーナをしだいに丸めていくと，円形 TE$_{11}$ モードになる．円形，方形に限らず一般に導波管では伝搬波の周波数が増すと伝送損失は増大するが，円形導波管の TE$_{01}$ モードは周波数が高いほど損失が減少する特異な性質がある．そのためこのモードはミリ波帯での長い伝送線路に適している．なお，導波管において周波数の低い側はカットオフ周波数に近づくと損失が急激に増大するから，円形 TE$_{01}$ モード以外は周波数に対する損失は最小値をもつ形となる．

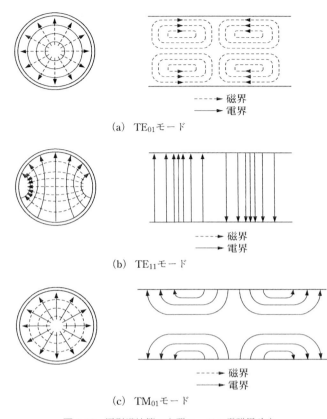

(a)　TE$_{01}$モード

(b)　TE$_{11}$モード

(c)　TM$_{01}$モード

図 4·10　円形導波管の主要モードの電磁界分布

4·7　ストリップ線路

　ストリップ線路は 4·3 節で述べた平行板線路の一種と考えることのできる構造をしており，マイクロ波デバイスの小型化になくてはならないものとなっている．様々な形のものが実用されているが，以下に代表的な線路について説明する．

1　マイクロストリップ線路

　マイクロストリップ線路の構造は図 4·11（a）にその概念図を示してあるが，

誘電体基板を介して接地導体とストリップ導体を設け，この両導体間にマイクロ波の電界を加えて伝送する．この線路は 2 導体からなるので，基本モードはTEM モードである．線路断面における電磁界分布は同図 (b) のようになっている．

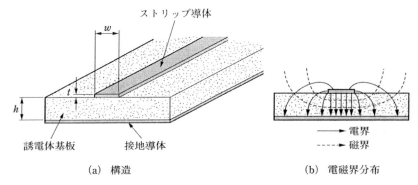

(a) 構造　　　　　　　　　　　　　　　(b) 電磁界分布

図 4·11　ストリップ線路の構造と電磁界分布

　マイクロストリップ線路では，一般に，ストリップ導体の幅 (w) が小さいため，同図 (b) に示したように，その幅の両側で電界が大きく外側へはみ出す．これを端効果というが，この効果のため導体間の容量の計算が困難となる．したがって，**4·2〜4·3** 節で説明した TEM 線路のようには伝搬特性や特性インピーダンスの計算が容易でなくなる．計算の方法にも幾通りかあるが，ここではひとつの結果を述べる．

　同図 (b) に描いたように，電磁界は基板誘電体とまわりの自由空間の両領域に存在するので，これを別のある誘電率をもった 1 種類の誘電体で両領域を埋めたときに，実際の構造のストリップ線路と同等な特性を示すような誘電体の比誘電率を**実効比誘電率** $\varepsilon_{\mathrm{eff}}$ とする．この $\varepsilon_{\mathrm{eff}}$ を用いると特性インピーダンスとして次式が求められる．

$$Z = \frac{30}{\sqrt{\varepsilon_{\mathrm{eff}}}} \ln\left[1 + \frac{4h}{w} \left\{ \frac{8h}{w} + \sqrt{\left(\frac{8h}{w}\right)^2 + \pi^2} \right\} \right] \tag{4·37}$$

位相定数 β は真空の誘電率および透磁率を ε_0 および μ_0 として，次式で与えられる．

$$\beta = \omega\sqrt{\varepsilon_0\,\varepsilon_{\mathrm{eff}}\,\mu_0} \tag{4·38}$$

② サスペンデッド線路

　サスペンデッド（suspended）線路は図 **4・12** に示すような構造で，マイクロストリップラインと基本形は同じであるが，全体を導体で覆い，誘電体が接地導体から離れて配されている．したがって，マイクロストリップラインと比べて電界が分散するために導体損が小さくなり，ミリ波帯の高い周波数領域での使用に向いている．しかし構造的には大きくなる．

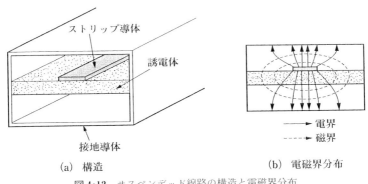

(a)　構造　　　　　　　　　　　　　　(b)　電磁界分布

図 **4・12**　サスペンデッド線路の構造と電磁界分布

③ スロット線路

　スロット（slot）線路は図 **4・13** に示すような構造であり，誘電体基板上の 2 つの導体間のスロットに電界が集中し伝送線路となる．同一平面上に 2 つの導

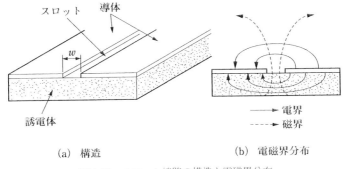

(a)　構造　　　　　　　　　　　(b)　電磁界分布

図 **4・13**　スロット線路の構造と電磁界分布

体が配置されているので，半導体素子などの実装が容易であり，マイクロ波
IC に用いられる．

④　コプレナ線路

　コプレナ（coplanar）線路は図 4・14 のように，誘電体基板上にストリップ
導体を挟んで両側に接地導体が配置されている．そのためスロット線路と同様，
半導体素子などの実装に便利である．また，同軸線路との接続も容易である．

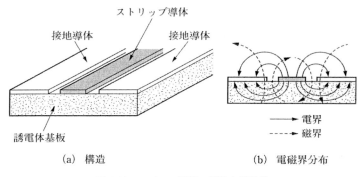

（a）構造　　　　　　　　（b）電磁界分布

図 4・14　コプレナ線路の構造と電磁界

4·8　表面波線路

　これまで説明した各種の線路は，導波管のような 1 つの導体に囲まれた空間，
あるいは，同軸線路やストリップラインのように 2 つの導体間の空間を伝搬路
とする線路であった．マイクロ波の線路にはそれ以外に導体や誘電体の表面に
沿ってマイクロ波を導く線路があり，**表面波線路**と呼ばれる．表面波線路のほ
とんどは伝搬媒質が誘電体であり，その場合は**誘電体線路**と呼ぶ．

　誘電体線路の伝搬の原理は，**3・5 節**で述べた屈折の法則において，誘電率の
大きい媒質から誘電率の小さい媒質に向けて電磁波が入射する際，**図 4・15** を
参照して，屈折の法則式（**3・63**）より $n_2 < n_1$ であるから $\theta_t > \theta_i$ すなわち，入
射角より屈折角の方が大きい．そのため入射角 θ_i を大きくしていくと，ある
角度（**臨界角**）で $\theta_t = 90°$ となり，臨界角を超えてさらに θ_i を大きくすると，

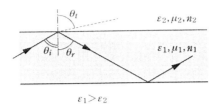

$$n_1 = c\sqrt{\varepsilon_1\mu_1}, \ n_2 = c\sqrt{\varepsilon_2\mu_2}, \ (\mu_1 = \mu_2) \therefore n_1 > n_2$$

$$\frac{\sin\theta_i}{\sin\theta_t} = \frac{n_2}{n_1} < 1 \therefore \theta_t > \theta_i, \ 臨界角\ \theta_i = \sin^{-1}\sqrt{\varepsilon_2/\varepsilon_1}$$

図 4·15　全反射

入射波は境界面で反射して元の媒質へ戻る，**全反射**という現象が生じる．全反射により電磁波は誘電率の大きな媒質中に閉じ込められて伝搬する．誘電体線路はこの現象を利用したものである．光通信に用いられるグラスファイバも光に対して透明なガラスを誘電体とした線路である．

　表面波線路には様々な形のものがあるが，代表的な線路の概略構造を**図 4·16** に示した．

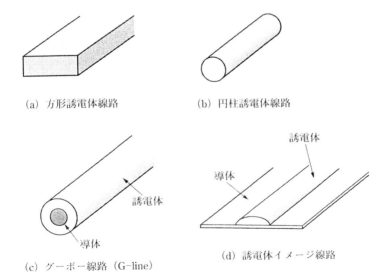

(a) 方形誘電体線路　　　　　　　(b) 円柱誘電体線路

(c) グーボー線路（G-line）　　　(d) 誘電体イメージ線路

図 4·16　表面波線路

第4章　演習問題

1. 同軸線路の単位長さ当たりの容量を与える式 (4·15) を導き出せ.

2. 同軸線路の内外導体間が誘電率 ε, 透磁率 μ および導電率 σ の媒質で満たされているとき, 線路の伝搬定数を $\gamma = \alpha + j\beta$ として α および β を求めよ. ただし, 信号の角周波数を ω とし, 導電率 σ は小さく, $\sigma \ll \omega\varepsilon$ であるとして, 1 次近似で求めよ.

3. 方形導波管 WRJ-12 (内径 19×9.5) を TE_{10} モードとして安定に伝搬するマイクロ波の周波数範囲を求めよ.

4. 式 (4·18) を導け.

5. 式 (4·36) を導け.

第**5**章

マイクロ波回路素子

　マイクロ波の伝送回路や測定回路を構成する際，様々な回路素子が必要となる．これは電子回路を構成するときに抵抗，コイル，コンデンサなどが必要であることと同じである．マイクロ波の場合は伝送線路として方形導波管を用いることが多いため，回路素子も導波管を基本とした構造のものが多い．このような回路素子を，導波管も含めて，**立体回路**と呼ぶ．集積回路用としてはストリップラインなどの平面回路を基本とした素子が用いられる．以下，主要なマイクロ波回路素子について解説する．

5・1 無反射終端器

　線路の終端に設置して，伝搬してきたマイクロ波を吸収して反射させない素子のことを**無反射終端器**という．一般の伝送線路では，第2章で述べたように，線路の特性インピーダンスで終端すれば反射はなくなる．しかし，立体回路では，前章で述べたように特性インピーダンスが一義的に定まらない．そのため伝送するモードの電磁界分布を考慮して反射をできるだけ少なくするようにマイクロ波を吸収する構造を設計する必要がある．実際に用いられる構造を**図5・1**に示した．

　方形導波管の主モードであるTE$_{10}$モードは，導波管断面で電界は垂直成分のみで，その分布は導波管の幅の中央で最も強くなり，両側へ向けてsine関数に従って低下する（図4・6）．したがって，電界の最も強い中央部に抵抗体を

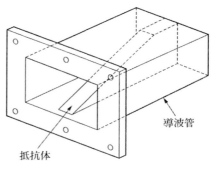

図 5・1　無反射終端器

設置することにより，電界を有効に吸収させることができる．図 5・1 のように抵抗体を伝搬方向に傾斜させる（テーパを付けるという）ことにより，導波管に急激な不連続を与えないような構造とし，反射をできるだけ小さくしている．テーパが長いほど，広い周波数範囲で反射は小さくなる．反射係数は通常，その導波管の設計周波数範囲で $\Gamma < 0.05$ に設定されている．抵抗体は一般に誘電体の表面に抵抗膜を付けたものを用いる．

5・2　減 衰 器

① 可変減衰器

　可変減衰器は線路のマイクロ波伝送電力を調整するのに使用される減衰器であり，代表的な構造を**図 5・2**に示す．表面に抵抗膜を付けた誘電体板を導波管の幅方向に動かすことにより，電界の任意の強度の位置に設定し，減衰量を可変としている．

　精密な可変減衰器ではマイクロメータで抵抗板を動かす機構を設け，マイクロメータの読みと減衰量との関係を較正曲線として求めてある．

② リアクタンス減衰器

　導波管では，TE_{10} モードの場合，カットオフ周波数以下では式（4・23）より，伝搬定数は次のように実数となる．

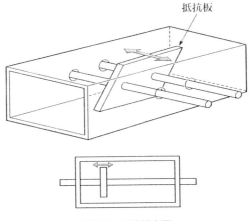

図 5・2　可変減衰器

$$\gamma = \sqrt{k^2 - \omega^2 \varepsilon \mu}$$

$$= \sqrt{\left(\frac{\pi}{a}\right)^2 - \left(\frac{\omega}{c}\right)^2} = \frac{\pi}{a}\sqrt{1 - \left(\frac{2a}{\lambda}\right)^2} \quad (\lambda > 2a) \tag{5・1}$$

　マイクロ波は z 方向に $e^{-\gamma z}$ に比例して伝搬するから，この場合，マイクロ波は急激に減衰する．このことを逆に利用して，導波管の寸法を伝搬波に対してカットオフになる大きさにすれば，減衰器となる．図 5・3 (a) のように導波管の一部 Δz の横幅 a' を伝搬波の波長 λ に対し $a' \leq \lambda/2$ とすればよい．この場合は抵抗減衰器のようにマイクロ波を吸収消費するのではなく，等価的なリアクタンスによって反射させることにより伝搬波を減少させるので，この名がある．同図 (b) はリアクタンス減衰器の等価回路であるが，入力波の電圧を V_1，透過波の電圧を V_2 とすると，

$$V_2/V_1 = e^{-\gamma \Delta z} \tag{5・2}$$

　電力は電界（あるいは電圧）の 2 乗に比例するから，Δz 部分の減衰量を dB で表すと，

$$-20 \log e^{-\gamma \Delta z} = 8.69\gamma\Delta z = 8.69 \frac{\pi}{a'}\sqrt{1 - \left(\frac{2a'}{\lambda}\right)^2} \cdot \Delta z \tag{5・3}$$

　このように減衰量が導波管の寸法と伝搬波（TE_{10} モード）の周波数から理論的に計算されるので，減衰器の標準器としても用いられる．

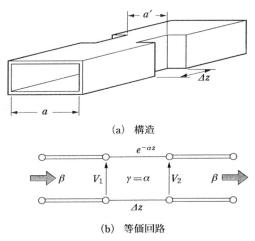

(a)　構造

(b)　等価回路

図 5・3　リアクタンス減衰器

5・3　曲がり導波管

　曲がり導波管はマイクロ波の伝送路を曲げる必要のあるときに使用される導波管であり，角型に曲げるコーナ導波管と，円弧状に曲げるベンド導波管がある.

　導波管は TE$_{10}$ モードに対し電界に平行な側面を E 面，磁界に平行な面を H 面と名づけられている. **図 5・4** (a) に示すように，H 面に平行に曲げたものを H コーナ，同図 (b) のように E 面に平行に曲げたものを E コーナと呼ぶ. コーナ導波管では曲がりの部分で導波管の幅や高さが変化するので，特性インピー

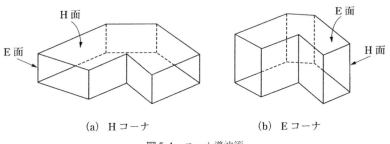

(a)　H コーナ   (b)　E コーナ

図 5・4　コーナ導波管

ダンスが変わり，反射が生じる．反射を抑えるために，図5・4に示したように
コーナの外周部にフラットな部分を設けるなどの対策がとられている．また，
より反射を少なくするためには，図5・5に示したベンド導波管が用いられる．
これにより曲がりの部分で特性インピーダンスの変化を小さくできるが，構造
が大きくなる欠点がある．

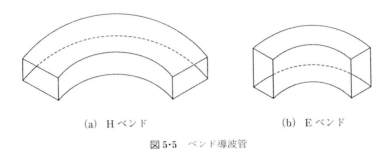

(a) Hベンド　　　　　　　　(b) Eベンド

図5・5　ベンド導波管

5・4　3分岐素子

　3分岐素子はマイクロ波を分配したいときに用いられる素子で，H面分岐と
E面分岐がある．図5・6はT分岐と呼ばれる素子を示している．同図(a)の
E面分岐の場合は端子③から励振すると①と②に互いに逆相で分配される．同

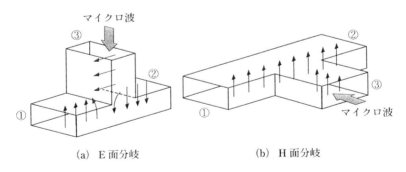

(a) E面分岐　　　　　　　　(b) H面分岐

図5・6　T分岐素子

図(b)のH面分岐の場合，端子③からマイクロ波を加えると，図示のように
端子①と②に同相で分配される．
　分岐素子には図5・7に示したY(型)分岐もある．

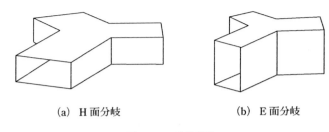

(a)　H 面分岐　　　　　　　(b)　E 面分岐

図 5·7　Y 分岐素子

5·5　マジック T

　マジック T（magic T）は 4 つの端子をもつ 4 開口素子のひとつであり，**図 5·8** に示すように，前に述べた 3 分岐素子の H 面分岐と E 面分岐を組み合わせた構造である．マジック T は次のような面白い性質をもっている．

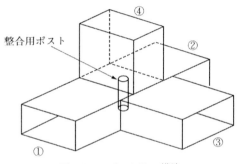

整合用ポスト

図 5·8　マジック T の構造

　マジック T の開口③から TE_{10} モードのマイクロ波を入力した場合，**図 5·9** に示すように，T 分岐の場合と同様，開口①と②には同相で等電力に分配されるが，開口④に向かうマイクロ波は伝搬方向に電界が向いたモード，すなわち，TM モードである．しかし，**4·5 節❸**で述べたように，TE_{10} モード用の導波管では TM モードはカットオフとなり伝搬できない．したがって，開口④にはマイクロ波は現れない．

　次に，開口④から TE_{10} モードを入力した場合は，**図 5·10** に示したように，分岐①と②には互いに逆位相で分配されるが，分岐③には導波管の横幅の中心を境とした左右対称なモード，TE_{20} モードが励振される．しかし TE_{20} モード

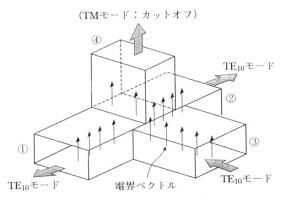

図 5·9　マジック T の開口③から入力した場合

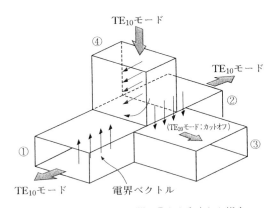

図 5·10　マジック T の開口④から入力した場合

はカットオフとなり伝搬しない．

　逆に開口①と②から同相のマイクロ波を入力すると，開口③には合成されて出てくるが，開口④には出力されないことは理解できる．また，開口①と②に互いに逆相のマイクロ波を入力すると，開口④には合成されて出力されるが，開口③には出力されない．

　マジックTはこのような性質を利用してマイクロ波の分配・合成に用いられる．

5·6 方向性結合器

方向性結合器（directional coupler）は主導波管を伝搬するマイクロ波の一部を一定の割合で別の副導波管に取り出して，特定の方向に導く作用があり，マイクロ波電力の分割や測定などの目的に使用する素子であり，数種類の構造がある．

① 多孔型方向性結合器

多孔型方向性結合器は，図5·11に示すように，主・副導波管をE面同士あるいはH面同士を張り合わせた形状をしており，その共通壁に結合孔を設けて，マイクロ波を結合させる．図5·11に示した例は最も単純な結合孔が2つのみの場合であり，これに基づいて原理を説明する．

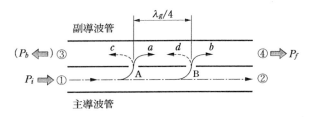

図5·11　2孔型方向性結合器の原理

　主導波管の一方の端子①からマイクロ波を入力したとき，大半のマイクロ波は端子②の方向へ流れるが，一部は2つの結合孔AおよびBを通して副導波管の方へ漏れ出る．漏れ出たマイクロ波はいずれも左右に等量分配されて流れる．これらのマイクロ波をa, cおよびb, dとする．副導波管中を右方向に流れるマイクロ波aおよびbには行路差がないからa, b両波は同相であり，合成されたとき，$a + b$となる．一方，副導波管を左方向に進行する波cおよびdについては，結合孔の間隔が$\lambda_g/4$（λ_gは導波管の管内波長）であるから，dはcに対して$\lambda_g/2$だけ位相が遅れる．したがって，c, dは互いに逆相となりその合成は0となる．すなわち，主導波管を端子①から入力されたマイクロ波は一定の割合で④に分配され，③には流れない．また逆に端子②から入力された場合は，一定の割合で③に出力され，④には流れない．

主導波管に①から入力したマイクロ波電力 P_i と，副導波管に漏れ出て④の方向へ出力される電力 P_f の比をdB（デシベル）で表して，方向性結合器の**結合度** C と定義される．

$$C = -10 \log \frac{P_f}{P_i} \quad \text{(dB)} \tag{5·4}$$

結合孔はある大きさが必要なことや製作精度により，マイクロ波を①から入力した場合，副導波管の③の方向にもわずかではあるが流れる．これを P_b とすると，

$$D = -10 \log \frac{P_b}{P_f} \quad \text{(dB)} \tag{5·5}$$

を**方向性**と定義する．

以上で説明した2孔型方向性結合器はある特定の周波数のごく近傍で一定の結合度 C をもつが，周波数が少しずれると結合度は異なってくる．すなわち周波数特性が狭い．そのため実際には結合孔を数多く設けて，周波数特性を改善している．

2 十字型方向性結合器

図 5·12 のように，主導波管と副導波管の H 面が重なるように十字型に構成したものが**十字型方向性結合器**である．結合孔は主・副導波管の共通面（正方形）の対角線上のコーナ近くに設けられる．この方向性結合器の原理を理解するために，まず，方形導波管の TE$_{10}$ モードにおいて，導波管の側壁（E 面）

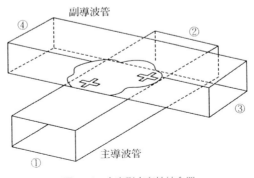

図 5·12 十字型方向性結合器

から少し内側に入った位置に，互いに逆相の磁界の円偏波ができていることを
説明する．

　図5・13(a)は方形導波管をH面から眺めた磁界分布を示している．マイク
ロ波の進行方向は①→②である．このとき，任意の位置zで両側面から少し内
側に入った点での磁界ベクトルの様子を時間を追って見ると，左側面について
図示したように，(1)〜(9)のように変化しているはずである．つまり，磁界
ベクトルは左回転の円偏波となっている．右側面に関しては同様の考察から，
右回転の円偏波となっていることは理解できる．このように，導波管の両側面
から少し内側で互いに逆相の円偏波ができている．これを同図(b)のzの位
置に2つの回転する円で示してある（なお，ちょうど完全な円偏波となる側面

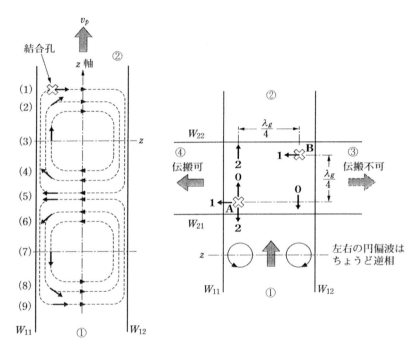

(a) 導波管の両側面（E面）から
　　少し内側に入った位置で磁
　　界の円偏波ができる．

(b) 2つの磁界円偏波がA, Bの結合孔
　　を通して副導波管に入り，開口④
　　の方向に流れる．

図5・13　十字型方向性結合器の原理

からの位置は式（4・21）の H_x と H_z から周波数 f を決めれば定量的に求まる）．
この導波管を主導波管とし，これに直角に副導波管を配したのが同図（b）である．両導波管の共通の H 面に，図示のように，A，B 2 つの結合孔が設けてある．左側の円偏波が A に到達すると，副導波管に一部が流入し同じ円偏波が生じる．この円偏波は回転の向きから④の方向に進行しなければならない．③の方向には TE₁₀ モードとならないから伝搬しない．右側の円偏波と結合孔 B についても同様のことが成り立つ．

このように，結合孔 A あるいは B のいずれか 1 つの結合孔でも方向性結合器としては機能するが，1 つだけでは充分な結合度を得ることができないので，通常は結合孔を 2 つ設けてある．A，B の導波管幅方向の間隔は $\lambda_g/4$ としてある（この場合，結合孔の位置で一般には完全な円偏波ではなく楕円偏波となる．）．このように配置しておけば，B に到達した右側の円偏波は A より $\pi/2$ 遅れて副導波管に入り，副導波管内を④方向に進行するのでさらに $\pi/2$ 遅れる．その間 A から入った円偏波も $\pi/2+\pi/2$ 遅れる．その間の磁界のベクトルの変化を 0, 1, 2 で示した．0, 1, 2 は両円偏波の同時刻におけるベクトルの向きを示している．その結果，両円偏波が副導波管中で進行方向に同じ位置に並んだときには，互いに逆位相であり，TE₁₀ モードとなって伝搬する．

なお，電界は回転偏波になっていないので，結合孔を通して電界が結合すると，④方向への方向性が多少とも損なわれる．そのため結合孔を十字型とし，開口面のエッジ間で電界が短絡しやすい構造とすることにより，磁界結合を主とし，電界結合を抑えている．

5・7　同軸・導波管変換器

マイクロ波回路においては方形導波管と同軸線路との接続が必要な場合が多い．両者の接合に用いられるのが**同軸・導波管変換器**であり，**図 5・14** に最も一般的な構造を示してある．導波管の H 面上，短絡板からほぼ $\lambda_g/4$ の位置に同軸のコネクタが設けられている．同図（b）は管内の電界分布を示している．同軸の特性インピーダンスは通常，50Ω に設計されている．一方，導波管の特性インピーダンスは一義的に定義できないことをすでに述べたが，同軸・導波

管変換の場合は，同軸が導波管の H 面の幅の中央に設けられるので，その位置での電圧と H 面の電流によるインピーダンスが関係深いと考えられる．この部分のインピーダンスは非常に大きい（演習問題 4 参照）．このような両者のインピーダンス差による不整合を緩和するために，ひとつには，同図 (b)に示した d と l を実験的に調整して，最適値に設定する．さらには導波管中に突き出ている同軸内導体の先端部をテーパ状に太くするなどの対策が施される．

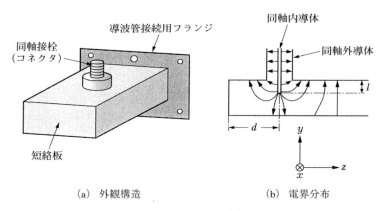

(a) 外観構造　　　　　　　　　　(b) 電界分布

図 5·14　同軸・導波管変換器

5·8 リッジ導波管

図 5·15 にリッジ導波管の断面図を示す．横幅の中央部分にリッジ（尾根）を設けた導波管である．図には片面のみリッジ付きの場合を示してあるが，上下両面に設けたものもある．リッジのない場合の TE_{10} モードに対して等価的に導波管の横幅が広くなった効果がある．したがって，カットオフ周波数は下がる．一方，リッジの幅を適当に選ぶと TE_{20} などの高次モードのカットオフ周波数を高くすることができるので，広帯域な導波管となる．またインピーダンスは小さくなるので，例えば前に述べた同軸・導波管変換器などの変換部分によく用いられる．

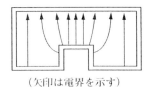

（矢印は電界を示す）

図 5・15 リッジ導波管の断面図

5・9 共振器

共振器はある特定の周波数で電圧あるいは電流が急峻に最大となる特性をもつ素子であり，マイクロ波では周波数測定などに用いられる．ここではまず交流回路で学んだ共振回路について共振現象を説明し，その後マイクロ波の共振器の話に入る．

1 共振回路

図 5・16 は集中定数素子による直列共振回路を示している．抵抗 R はこの回路の損失を表している．V_0 は定電圧電源とする．この回路を流れる電流 I の絶対値は，

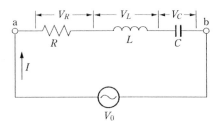

図 5・16 直列共振回路

$$|I| = \left| \frac{V_0}{R + j\omega L + 1/j\omega C} \right| = \frac{V_0}{\sqrt{R^2 + (\omega L - 1/\omega C)^2}} \tag{5・6}$$

この式から明らかに，電流 I の絶対値は ω が次式の関係を満たすときに最大となり，そのときの ω を ω_0 と書いて，**共振角周波数**という．

$$\omega_0 = 1/\sqrt{LC} \tag{5・7}$$

共振時に L および C にかかる電圧は次の式で与えられる.

$$\left.\begin{array}{l} V_L = \dfrac{j\omega_0 L}{R} V_0 \\[2ex] V_C = \dfrac{1}{j\omega_0 CR} V_0 = -V_L \end{array}\right\} \qquad (5\cdot8)$$

したがって, このとき L および C の電圧の和は 0 であり, 入力電圧 V_0 は全て抵抗 R にかかっている.

図 **5·17** は直列共振回路の周波数に対する電流の関係, すなわち**共振特性**を示している. この特性において電流が最大値の $1/\sqrt{2}$ となる周波数を ω_1, ω_2 とすると, $\omega_2 - \omega_1 = \mathit{\Delta}\omega$ をこの共振回路の**帯域幅**という. $\mathit{\Delta}\omega$ が小さく $|I|_{\max}$ が大きいほど, 共振特性が良いことになる. 共振特性の良さを定量的に次の **Q** (quality factor) で表す.

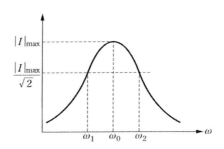

図 5·17　直列共振回路の共振特性

$$Q = \frac{|V_L|_{\omega=\omega_0}}{V_0} = \frac{|V_C|_{\omega=\omega_0}}{V_0} \qquad (5\cdot9)$$

ここで式 (5·8) を用いると,

$$Q = \frac{\omega_0 L}{R} = \frac{1}{\omega_0 CR} \qquad (5\cdot10)$$

抵抗 R, すなわち回路の損失が小さいほど Q は大きくなる.

一方, 帯域幅 $\mathit{\Delta}\omega$ と共振周波数 ω_0 とにより, Q は次のように表すこともできる.

$$Q = \omega_0/\mathit{\Delta}\omega \qquad (5\cdot11)$$

次に, Q の定義式 (5·10) において, 回路の損失 R を L および C の損失 R_L

および R_C に分離すると，次のように変形できる．

$$Q = \frac{\omega_0 L}{R_L + R_C} = \frac{1}{R_L/\omega_0 L + R_C \omega_0 C} = \frac{1}{1/Q_L + 1/Q_C}$$

ただし，Q_L, Q_C は回路素子 L および C の個別の Q を表している．この式を書きかえると，

$$\frac{1}{Q} = \frac{1}{Q_L} + \frac{1}{Q_C} \tag{5·12}$$

すなわち，回路全体の Q の逆数は回路を構成する各要素の Q の逆数の和に等しい．

次に，図 5·16 の回路の共振時の電力の時間変化を見てみよう．励振（電源）側から見た限りでは回路は純抵抗 R に見えるから，電力は，

$$P = |I|^2 R = V_0{}^2/R \tag{5·13}$$

である．しかし，L と C における瞬時電力はそれぞれ次のようになる．

$$p_L(t) = L\frac{dI(t)}{dt}I(t) = L\frac{d}{dt}\left(\frac{\sqrt{2}\,V_0 e^{j\omega_0 t}}{R}\right)\frac{\sqrt{2}\,V_0 e^{j\omega_0 t}}{R}$$

$$= -2\omega_0 L\left(\frac{V_0}{R}\right)^2 \sin 2\omega_0 t$$

$$= 2\omega_0 L\left(\frac{V_0}{R}\right)^2 \sin(2\omega_0 t - \pi) \tag{5·14}$$

同様に，

$$p_C(t) = 2C\frac{dV_C(t)}{dt}V_C(t) = \frac{2}{\omega_0 C}\left(\frac{V_0}{R}\right)^2 \sin(2\omega_0 t - \pi) \tag{5·15}$$

ただし，瞬時値であるから V_0 は $\sqrt{2}$ 倍し，電圧，電流とも $e^{j\omega_0 t}$ を乗じたが，演算はその実数部のみを用いる．なお，

$$V_C(t) = \frac{\sqrt{2}\,V_0 e^{j\omega_0 t}}{j\omega_0 CR} = \frac{\sqrt{2}\,V_0 e^{j(\omega_0 t - \pi/2)}}{\omega_0 CR}$$

である．

式 (5·14)，(5·15) より，$p_L(t)$ と $p_C(t)$ の振幅は等しい．これらの電力は実際に消費される電力ではなく，L と C に蓄えられるエネルギーであり，リ

アクティブ電力と呼ばれる. $p_L(t)$ と $p_C(t)$ をグラフに描くと**図5·18**となる. この図からわかるように, L と C の電力の和はつねに 0 となるように変化している.

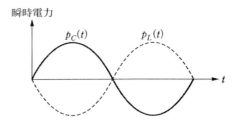

瞬時電力

$p_C(t)$　　$p_L(t)$

t

図5·18　LC におけるリアクティブ電力の関係

一方, L と C に蓄積されるエネルギーは次のように計算される.

$$W_L(t) = \frac{1}{2}L[\operatorname{Re}I(t)]^2 = \frac{1}{2}L\left[\frac{\sqrt{2}\,V_0\cos\omega_0 t}{R}\right]^2 = L\frac{V_0^2}{R^2}\cos^2\omega_0 t$$

$$W_C(t) = \frac{1}{2}C[\operatorname{Re}V_C(t)]^2 = \frac{1}{2}C\left[\frac{\sqrt{2}\,V_0\sin\omega_0 t}{\omega_0 CR}\right]^2 = \frac{V_0^2}{\omega_0^2 CR^2}\sin^2\omega_0 t$$

$$= L\frac{V_0^2}{R^2}\sin^2\omega_0 t$$

したがって,

$$W_L(t) + W_C(t) = L\frac{V_0^2}{R^2} = W \tag{5·16}$$

つまり, 両者の和はつねに一定である. 一方, R に消費されるエネルギーは 1 秒当たり,

$$W_R = V_0^2/R \tag{5·17}$$

したがって, 式 (5·10) より Q は次式のように書き換えられる.

$$Q = \frac{\omega_0 L}{R} = \omega_0\frac{LV_0^2/R^2}{V_0^2/R} = \omega_0\frac{W}{W_R} \tag{5·18}$$

すなわち, Q は共振回路に蓄積されるエネルギーと, その回路の 1 秒当たりの損失エネルギー（電力に等しい）の比に共振角周波数 ω_0 をかけた量でも定義できる. 後述する空胴共振器などではこの定義を使うのが便利である.

　以上の交流回路で見てきた共振現象は，以下で述べる分布定数回路や立体回路からなる共振器にも共通する現象である．

2　分布定数回路共振器

　2・4節において，分布定数線路に進行波と反射波が存在すると定在波ができることを述べた．定在波は進行しない波動で，電圧あるいは電流の振幅のみが時間的に振動している状態である．なかでも線路の出力端を短絡したときは，その位置では電圧は常に 0 でなければならないから，電圧定在波は**図 5・19** に示す形となる．したがって，線路の長さが $\lambda_g/2$ の整数倍であれば，入力端を短絡しても定在波の様子は変わらない．このとき分布定数線路はひとつの共振器となる．

　いま，線路長が $\lambda_g/2$ の場合（両端短絡）について，電圧，電流の瞬時値を求めてみよう．式 (2・10) より，無損失線路の場合，$\gamma = j\beta\,(\beta = 2\pi/\lambda_g)$ とおいて，$z = 0$ で $V = 0$ の条件より，$B = -A$ であるから，

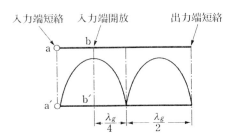

図 5・19　出力端を短絡した分布定数線路上の電圧定在波

$$V(z,\ t) = A(e^{-j\beta z} - e^{j\beta z})e^{j\omega t} = -j2A \sin\beta z \cdot e^{j\omega t}$$

したがって，実電圧は，

$$v(z,\ t) = \sqrt{2}\,\mathrm{Re}[V(z,\ t)] = 2\sqrt{2}\,A \sin\beta z \sin\omega t \tag{5・19}$$

同様に電流について，

$$I(z,\ t) = \frac{A}{Z_0}(e^{-j\beta z} + e^{j\beta z})e^{j\omega t} = \frac{2A}{Z_0} \cos\beta z \cdot e^{j\omega t}$$

　したがって，実電流は，

$$i(z, t) = \sqrt{2}\,\mathrm{Re}[I(z, t)] = \frac{2\sqrt{2}\,A}{Z_0}\cos\beta z\cos\omega t \qquad (5\cdot20)$$

電圧，電流の瞬時値をグラフに表すと**図5・20**となる．ただし，時間的な振幅の関係は式 (5・19)，(5・20) から $\pi/2$ (90°) ずれているから，電圧の振幅が最大のとき電流の振幅は 0，あるいはその逆という関係にある．これは前に述べた LC 回路共振器において，L の電力と C の電力が時間的に交互に入れ替わっていることに相当している．

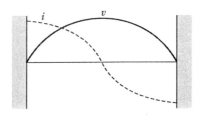

図5・20　$\lambda_g/2$ 線路における電圧および電流の振幅の関係
（時間的には位相が $\pi/2$ ずれている）

③　空洞共振器

　マイクロ波の実際の伝送線路は，同軸線路や導波管であり，これらの両端を短絡したものが共振器となる．これを空洞共振器という．共振周波数は前項②から，短絡間の距離 l が管内波長の $1/2$ の整数倍の関係を満たす値である．**図5・21** は方形導波管の両端を短絡した共振器（直方体共振器）が TE_{10} モードの $l = \lambda_g/2$ の周波数で共振しているときの電界，磁界の様子を示している．

　方形導波管を図5・21のように短絡して空胴にしてしまえば，このなかに存

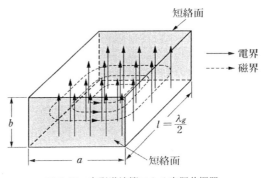

図5・21　方形導波管による空洞共振器

在し得る電磁界分布は，6つの面で境界条件を満たすようにマクスウェルの方程式を解くことにより得られる．その結果，共振周波数の自由空間における波長は次式で与えられる．

$$\lambda_0 = 1 \Big/ \sqrt{\left(\frac{m}{2a}\right)^2 + \left(\frac{n}{2b}\right)^2 + \left(\frac{p}{2l}\right)^2} \tag{5・21}$$

ただし，m, n, p は正の整数である．m, n, p で与えられる共振モードを直方体空胴共振器の TE_{mnp} モードと呼ぶ．この場合最も低い共振周波数（基本共振モード）の自由空間波長は式（5・21）より，a, b, l のうち最も短い辺にかかる整数を0，その他は1とおいたモードであることがわかる．したがって，b が最も短い直方体の場合は基本モードは TE_{101} となる．図5・21はこの場合の電磁界分布に対応している．したがって0とおかれた整数に対応する方向（この場合は b 方向）には電磁界の変化がない．なお，共振器では m, n, p の2つ以上が同時に0となることはない．例えば，$n=p=0$ とすると，l 方向（元の導波管でのマイクロ波の進行方向）にも電界の変化がないことになるが，そうすると，②項で述べた共振時は波動が定在波となることと矛盾することとなる．a, b, l のどの方向を伝搬方向と考えても同様のことが成り立つ．

マイクロ波帯で周波数の測定に用いられる共振器は円形導波管を基にしている．**図5・22** に示すように，一端を短絡した円形導波管の他端に可動短絡板を設け，中に導かれたマイクロ波の共振する短絡板の位置から波長を求める．通常は同図（b）のように，マイクロ波の伝搬する方形導波管の途中に結合され

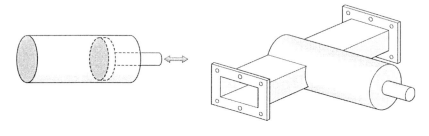

　　　　(a) 空洞共振器部 　　　　　　　　　　(b) 波長計

図5・22 円筒型空洞共振器

ており，共振時に空洞内に電磁エネルギーが蓄積されるため，出力側でマイクロ波電力が低下することから計測する．空洞共振器は損失が小さいから Q が大きく，非常にシャープな共振特性が得られる（図5・17）．

④　誘電体共振器

4・7節において，誘電体がマイクロ波の伝送線路としても用いられることを述べたが，誘電体線路の両端を短絡あるいは開放すれば共振器となる．誘電率の十分大きい材料を用いれば，誘電体からの放射損を小さくできるので，通常は開放構造が用いられる．

誘電体共振器の特徴は次のようなことがあげられる．まず，誘電体の比誘電率を ε_r とすれば，そのなかでのマイクロ波の波長は自由空間中の $1/\sqrt{\varepsilon_r}$ 倍となるので，小型にできることである．したがって，マイクロストリップ線路と組み合わせて，マイクロ波 IC 回路によく用いられる．近年は ε_r が大きく，損失は小さく，温度特性の安定した材料（例えば，酸化チタン TiO_2 と酸化バリウム BaO を主成分としたものなど）開発が進み，実用化されている．例えば，$\varepsilon_r = 40 \sim 90$，誘電体の損失を示す $\tan\delta = 10^{-4}$，周波数の温度係数 $\pm 2\,\mathrm{ppm/}$ ℃以内の特性のものがある（誘電率は交流においては複素数で表され，$\varepsilon_r = \varepsilon' + j\varepsilon''$ とすると，$\tan\delta = \varepsilon''/\varepsilon'$ で与えられ，δ を誘電体の**損失角**という）．

具体的な共振器は**図5・23**に示すように円板状の誘電体を線路の近傍に設置した形をしている．このような誘電体共振器の共振時の電磁界は**図5・24**に示すような分布をしている．電界は誘電体の表面で面に垂直な成分が 0，磁界は表面で接線成分が 0 という境界条件となっている．伝送線路との結合は，図

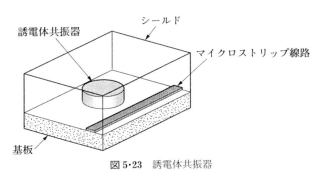

図5・23　誘電体共振器

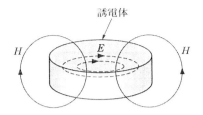

図 5·24 誘電体共振器の共振電磁界

5·23 に示したように，共振器の近傍にマイクロストリップ線路を配しておけば，図 5·24 に示した磁界によって結合させることができる．

5·10 フェライト磁石を用いた素子（非可逆素子）

1 フェライトの性質

　磁石とマイクロ波の磁界との相互作用をうまく利用して特殊な機能をもたせた素子がある．通常の受動素子のように，素子の入出力を逆にしたときに全く同じ結果にはならないので，**非可逆素子**と呼ばれる．磁石としては強磁性体でしかも抵抗率が大きく，マイクロ波において誘電損失が小さい（$\tan \delta \cong 0.005$）フェライト（ferrite）と呼ばれる磁性体が用いられる．

　物質を構成する電子はスピンと呼ばれる自転をしているが，電子は電荷をもっているのでそのスピンにより磁界が発生する．単位長さ当たりの磁極の強さを**磁気モーメント**といい，これはベクトルであり，M で表す．常温で物質中の微小な磁気モーメントが全体としてそろっている物質が**強磁性体**となる．スピンする電子はまた角運動量 J をもつ．これらの模様を示したのが**図 5·25** である．M と J は比例関係にあり，比例係数は磁気回転比と呼ばれ γ で表す．

$$M = \gamma J \tag{5·22}$$

　ただし，$\gamma / 2\pi = -3.52 \times 10^4$ 〔Hz・m/AT〕

（電子は負電荷を帯びているから γ は負となる．つまり，図 5·25 のように M と J は逆向きになる．）

　いま，この物質に外部から z 軸方向に直流磁界 H_0 を加えたとすると，次式で与えられるトルクが発生する（**図 5·26**）．

$$T = M \times H_0 \tag{5・23}$$

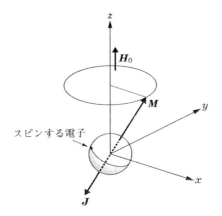

図 5・25　スピンする電子の磁気モーメント

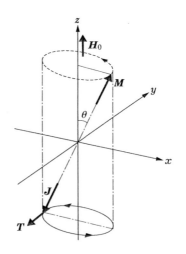

図 5・26　電子の才差運動

　トルク T の向きは M と H_0 の作る面，図 5・26 では x – z 面に垂直で y の負の方向である．T は力であるから運動量 J にはたらき，ベクトル J の先端を矢印の向きに回転させる．その結果，ベクトル M の先端も z 軸のまわりを破線で示した円に沿って矢印の方向に回転する．この運動は**才差運動**と呼ばれ，電子はコマが頭を振りながら回転するのと同様な回転運動を行う．式で表現すると次のとおりである．

ニュートンの運動の法則のひとつ「運動量の時間微分は力に等しい」という関係を回転運動に適用すると，

$$T = \frac{dJ}{dt} \tag{5·24}$$

この式に (5·22)，(5·23) を代入して，

$$\frac{dM}{dt} = \gamma M \times H_0 \tag{5·25}$$

式 (5·25) が才差運動を表す方程式である．

　以上は電子1個当たりについての現象として述べたが，磁性体フェライトとしては全電子に関する和として現れるので，上記の M の単位体積当たりの和をあらためて M で表す．このとき M は**磁化**と名づけられる．図5·26の才差運動は磁性体の損失のため，θ はしだいに小さくなり，M は全て H_0 の方向を向いてしまう（飽和磁化）．このときの M を M_0 で表す．

2　マイクロ波との相互作用

　次に直流磁界 H_0（この方向を z 軸にとる）のほかにフェライトにマイクロ波を加えたとしよう．そのマイクロ波の磁界を h とし，h は H_0 に比べて十分小さいとする（太字はベクトル，細字はその大きさのみを示す）．このとき H_0 の方向を向いていた磁化 M_0 は h によって少しずれる．ずれた成分を磁化 m で表す．ベクトル h，m をそれぞれの x，y，z 成分により，次のように表す．

$$h = (h_x,\ h_y,\ h_z)$$
$$m = (m_x,\ m_y,\ m_z)$$

　マイクロ波の磁界 h が加わった結果の合成磁界と磁化をそれぞれ H，M とおくと，

$$H = (h_x,\ h_y,\ H_0 + h_z)$$
$$M = (m_x,\ m_y,\ M_0 + m_z)$$

　H と M を式 (5·25)（H_0 を H とおきかえる）に代入し，高次の項を無視すると，次の結果を得る．ただし，マイクロ波の時間変化は，角周波数を ω とし，$e^{j\omega t}$ で表した．

$$
\left.\begin{array}{l}
j\omega m_x = \gamma(m_y H_0 - M_0 h_y) \\
j\omega m_y = \gamma(M_0 h_x - m_x H_0) \\
j\omega m_z = 0
\end{array}\right\} \tag{5・26}
$$

式 (5・26) を m_x, m_y について解くと,

$$
\left.\begin{array}{l}
m_x = \dfrac{\gamma^2 M_0 H_0}{\omega_0{}^2 - \omega^2} h_x - j \dfrac{\omega \gamma M_0}{\omega_0{}^2 - \omega^2} h_y \\[3mm]
m_y = j \dfrac{\omega \gamma M_0}{\omega_0{}^2 - \omega^2} h_x + \dfrac{\gamma^2 M_0 H_0}{\omega_0{}^2 - \omega^2} h_y
\end{array}\right\} \tag{5・27}
$$

ただし, $\omega_0 = |\gamma| H_0$ とおいた.

　次に, 磁束密度は真空の透磁率を μ_0 として, 磁界と磁化により次式で表される.

$$
\boldsymbol{B} = \mu_0(\boldsymbol{H} + \boldsymbol{M}) \tag{5・28}
$$

　式 (5・28) に (5・27) を代入し, $\boldsymbol{B}$ のマイクロ波成分 $\boldsymbol{b}$ のみについて直角座標成分を求めると,

$$
\left.\begin{array}{l}
b_x = \mu_0(\mu h_x - j\kappa h_y) \\
b_y = \mu_0(j\kappa h_x + \mu h_y) \\
b_z = \mu_0 h_z
\end{array}\right\} \tag{5・29}
$$

ただし,

$$
\left.\begin{array}{l}
\mu = 1 + \dfrac{\gamma^2 M_0 H_0}{\omega_0{}^2 - \omega^2} \\[3mm]
\kappa = -\dfrac{\omega \gamma M_0}{\omega_0{}^2 - \omega^2}
\end{array}\right\} \tag{5・30}
$$

式 (5・29) をマトリクスで書き表すと,

$$
\begin{bmatrix} b_x \\ b_y \\ b_z \end{bmatrix} = \mu_0 \begin{bmatrix} \mu & -j\kappa & 0 \\ j\kappa & \mu & 0 \\ 0 & 0 & 1 \end{bmatrix} \begin{bmatrix} h_x \\ h_y \\ h_z \end{bmatrix} \tag{5・31}
$$

　右辺の 3 次元マトリクスの項を $\boldsymbol{\mu}$ とおいて, これを**テンソル比透磁率**という. すなわち,

$$\boldsymbol{\mu} = \begin{bmatrix} \mu & -j\kappa & 0 \\ j\kappa & \mu & 0 \\ 0 & 0 & 1 \end{bmatrix} \tag{5·32}$$

等方性の物質では磁束密度は磁界と同じ向きとなり，その比例係数である透磁率は実数のスカラであるが，フェライトなどの磁性体では磁束密度は磁界と向きを異にするため，透磁率はテンソルとなる．

ここで，マイクロ波の磁界が直流磁界 H_0 に直角な場合を取り上げよう（図5·27 参照）．さらにマイクロ波の磁界は円偏波になっているとする．3·3 節で示したように，正あるいは負円偏波は h_x の位相が h_y の位相より $\pi/2$ 進んでいるかあるいは遅れている．すなわち，

$$h_x = h_y e^{\pm j\pi/2} = \pm j h_y \tag{5·33}$$

ただし，右辺の符号が＋の場合が進み，－の場合が遅れである．この関係を式 (5·29) に代入すると，

$$\left.\begin{aligned} b_x &= \mu_0(\mu h_x \mp \kappa h_x) = \mu_0(\mu \mp \kappa)h_x \\ b_y &= \mu_0(\mu \mp \kappa)h_y \end{aligned}\right\} \tag{5·34}$$

いずれの場合も b と h 各成分はそれぞれ同じ係数 $\mu_0(\mu \mp \kappa)$ で比例関係にある．式 (5·33)，(5·34) の複号は同順であるから，正および負円偏波の比透磁率を μ_+ および μ_- とおくと，式 (5·30) の関係を用いて，

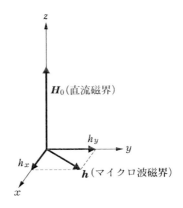

図 5·27　マイクロ波磁界と直流磁界

$$\mu_+ = \mu - \kappa = 1 + \frac{\gamma^2 M_0 H_0}{\omega_0{}^2 - \omega^2} + \frac{\omega \gamma M_0}{\omega_0{}^2 - \omega^2}$$

$$= 1 + \frac{\gamma M_0 (\gamma H_0 + \omega)}{\omega_0{}^2 - \omega^2} \tag{5·35}$$

$$\mu_- = \mu + \kappa = 1 + \frac{\gamma M_0 (\gamma H_0 - \omega)}{\omega_0{}^2 - \omega^2} \tag{5·36}$$

μ_+ および μ_- は**高周波**（あるいは**実効**）**比透磁率**という．μ_+ および μ_- を直流磁界 H_0 の関数としてプロットしたのが**図 5·28** である．式 (5·35) によると，$\omega = \omega_0$（マイクロ波の角周波数とスピン才差運動の角周波数が一致したことに相当）で $\mu_+ = \infty$ となるが，実際にはスピン才差運動は減衰するので，減衰

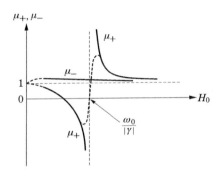

図 5·28　高周波比透磁率と直流磁界の関係

項を考慮すると点線で結んだ曲線となる．また，H_0 が小さい場合はフェライトが飽和しないので，上で求めた結果は成立しない．なお，H_0 が $\omega_0/|\gamma|$ に等しいとき共鳴磁界と呼ばれ，このとき $\omega_0 = \omega$ となり μ_+ が非常に大きくなる現象を**磁気共鳴現象**という．

③　ファラデー効果

　②項で，磁化されたフェライトは正負円偏波に対し大きく異なる高周波透磁率を示すことがわかった．透磁率の差は進行波に対し波動の位相定数（$\beta = \omega\sqrt{\varepsilon\mu} = \omega/c$．$\varepsilon$, μ は媒質の誘電率，透磁率）の差として現れる．ところで，**3·4 節**で直線偏波は正，負円偏波に分解できることを示した．いま，直線偏波の

マイクロ波磁界 h が x 軸方向に一致しているとしよう．すると式（3·49）と同じ関係が磁界に対して成り立つ．z の正方向への波動の伝搬式は $\exp[j(\omega t - \beta z)]$ で表されるから，z 方向に H_0 で直流磁化されたフェライト中で正および負円偏波に対する位相定数を β_+ および β_- とし，マイクロ波磁界を位相項を追加して書くと，次の式となる（h_0 は振幅）．

$$h = \frac{h_0}{2}\left[e^{j(\omega t - \beta_+ z)} + e^{-j(\omega t - \beta_- z)}\right] \tag{5·37}$$

この式は次のように書き直すことができる．

$$h = \frac{h_0}{2}e^{j(\beta_- - \beta_+)z/2}\left[e^{j[\omega t - (\beta_- + \beta_+)z/2]} + e^{-j[\omega t - (\beta_- + \beta_+)z/2]}\right]$$
$$= h_0 e^{j(\beta_- - \beta_+)z/2}\cos[\omega t - (\beta_- + \beta_+)z/2] \tag{5·38}$$

この式より偏波面は z 軸方向（伝搬方向）に単位長さ当たり，

$$\theta = \frac{\beta_- - \beta_+}{2} = \frac{\omega}{2}(\sqrt{\varepsilon\mu_0\mu_-} - \sqrt{\varepsilon\mu_0\mu_+})$$
$$= \frac{\omega\sqrt{\varepsilon_s}}{2c}(\sqrt{\mu_-} - \sqrt{\mu_+}) \tag{5·39}$$

だけ右方向に回転することがわかった（c は真空中の光速，ε_s は媒質の比誘電率，$\varepsilon = \varepsilon_0\varepsilon_s$）．この現象は，**図 5·29** に示したが，**ファラデー効果**あるいは**ファラデー回転**と呼ばれる．さらに，$\omega_0 = |\gamma|H_0 \ll \omega$ の範囲に選べば，M が小さ

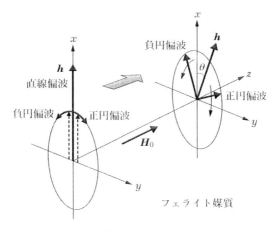

図 5·29 ファラデー回転（直線偏波がフェライト中を進行するとき受ける回転）

い場合，式 (5・35)，(5・36) より，式 (5・39) は次の近似式で与えられる．

$$\theta = \sqrt{\varepsilon_s}\,|\gamma|\,M_0/2c \qquad\qquad\qquad (5\cdot40)$$

この式から $\omega_0 = |\gamma|H_0 \ll \omega$ の範囲ではファラデー回転角はマイクロ波の周波数に無関係で，磁化の強さ M_0 に比例していることがわかる．

④　アイソレータ

アイソレータ（isolator，単向管とも呼ばれる）は，フェライトを応用した非可逆素子のひとつで，マイクロ波を一方向にのみ伝搬させるデバイスである．例えば，マイクロ波回路において負荷側からの反射波に対する発信源の保護，安定化や回路の整合用として用いられる．多くの種類があるが，ここでは3種について述べる．

●ファラデー回転型アイソレータ

ファラデー回転を応用したアイソレータであり，その構造は**図 5・30** に描いてある．左右の入出力端が方形導波管となっており，中央部は左から右への進行方向に磁化された長さ l のフェライト円柱（ファラデー回転子という．円柱の両端はテーパ状に細くすることにより，マイクロ波の反射を防いでいる）が置かれている．左から入射した TE_{10} モードのマイクロ波は，前節で説明したファラデー回転を受け，偏波面は $\theta \cdot l$ だけ右回転して，右側の導波管に出てくる．したがって，右側の導波管はファラデー回転分だけ右側に回転させた構造となっている．左右の導波管内には E 面に垂直に抵抗板が置かれており，左

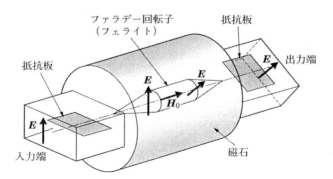

図 5・30　ファラデー回転型アイソレータの概念図（反射波のない場合）

から右への進行波に対しては減衰を与えない．ところが，右から左へ進行する反射波があれば，これに対しては回転子は進行方向と逆向きに磁化されているから，ファラデー回転も逆となり，図5·31に示したように，進行方向に対して1→2のように左回転する．その結果，反射波は左側の導波管中では，入射波に対して$2\theta \cdot l$回転している．そこで，$2\theta \cdot l = 90°$（$\theta \cdot l = 45°$）となるように回転子を設定しておけば，反射波は左側の導波管中の抵抗板に平行な電界の偏波となるから減衰する．

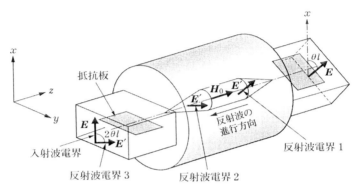

図5·31　ファラデー回転型アイソレータにおける反射波の回転

通常の方形導波管では，TE_{10}モードの90°回転した偏波はカットオフとなっているから，抵抗板との効果が重なって，反射波は大きな減衰を受ける．

なお，アイソレータのファラデー回転子の置かれている部分は，偏波面が回転するのに都合よくするために，円形導波管となっている．4·6節で述べたように方形導波管のTE_{10}モードは円形導波管ではTE_{11}モードとなり，方形TE_{10}モードに関するファラデー回転の原理は円形TE_{11}モードに対しても適用される．また，左右の導波管の開口面が図5·31のようにねじれていては，実回路に組み立てる場合に不便であるから，片側の導波管をねじって，開口面は同じ向きにしてある．

ファラデー回転型アイソレータは構造が大きくなる欠点はあるが，広帯域性があるので，マイクロ波の周波数の高い領域からミリ波帯で用いられる．

●共鳴型アイソレータ

図5·32に示したように，導波管を伝搬するTE_{10}モードのマイクロ波の磁

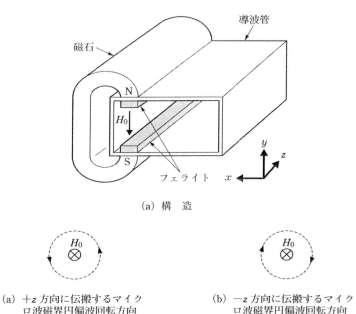

(a) 構　造

(a) $+z$ 方向に伝搬するマイク　　　　　(b) $-z$ 方向に伝搬するマイク
ロ波磁界円偏波回転方向　　　　　　　　ロ波磁界円偏波回転方向

図 5·32　共鳴型アイソレータ

界が円偏波となる（**5·2** 節②参照）位置にフェライト棒を貼り付け, その外側
に磁石を置いて $-y$ 方向に飽和直流磁界 H_0 を加える. H_0 は共鳴磁界に設定し
ておく. $+z$ 方向に伝搬するマイクロ波に対しては伝搬方向左側の円偏波は負
円偏波, すなわち実効比透磁率 μ_- をもつ. 図 5·28 からわかるように μ_- は 1
に近い値であるから, 負円偏波に対しては透磁率は真空の透磁率に近い値とな
る. したがって, $+z$ 方向に伝搬するマイクロ波はほとんど影響を受けない.

　次に, $-z$ 方向に伝搬するマイクロ波の場合, フェライトの位置では磁界円
偏波の回転方向は正円偏波となる. すなわち, 実効比透磁率は μ_+ である. H_0
は共鳴磁界に設定されているから, 正円偏波は磁気共鳴を起こしフェライト中
で大きな減衰を受ける. こうして一方向にのみ伝搬させるデバイス, アイソレー
タが得られる.

　共鳴型アイソレータは図 5·32 のように構造が簡単な上に, 大電力に耐える
特徴がある.

●電界変位型アイソレータ

この場合も**図5・33**に示すように，フェライトは磁界円偏波の生じる場所に置かれる．ただし，フェライトは1枚の板でy方向を満たしており，その側面には抵抗膜が貼り付けてある．フェライトに加えられる$-y$方向の直流磁界は図5・28の共鳴磁界ω_0/γより小さく，$\mu_- > 1, \mu_+ < 0$となる範囲に設定されている．導波管を$+z$方向に向かうマイクロ波ではフェライトの位置では負円偏波となり伝搬するが，フェライトは高い誘電率（比誘電率が約12）をもっているから，マイクロ波の電界はフェライトに集中する．その結果，電界分布は図5・33に破線で描いたようにフェライトの位置で最大となるような形をなし，抵抗膜に吸収されて大きな減衰を受ける．

次に，$-z$方向に伝搬するマイクロ波はフェライトの位置で正円偏波となるが，$\mu_+ < 0$に設定されているからこの波に対しては伝搬定数は存在しないので，フェライト中ではカットオフとなる．したがって，$-z$方向の伝搬波の電界は図5・33に実線で示したようなフェライトをさけた分布となり，抵抗膜の位置で電界はほとんど0となるので減衰を受けない．このように順方向と逆方向とで電界分布を変位させることでアイソレータを実現している．

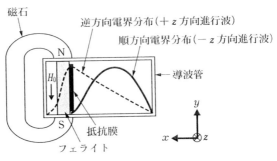

図5・33　電界変位型アイソレータ

5　サーキュレータ

サーキュレータ（circulator）は複数の入出力ポートを有しており，あるポートから入力すると，特定の隣のポートのみから出力する性質がある．最もよく用いられるフェライト回転子を応用した3ポート型について述べる．

　図 5・34 (a) に TE$_{10}$ モードを伝搬する方形導波管の両側壁（E 面）から少し
内側に入った位置に生じる互いに逆相の磁界の円偏波の模様を描いてある．こ
の導波管中に y の正方向に磁界 H_0 を加えたフェライトを置いたとしよう．H_0
に対して，左側の円偏波は正円偏波（μ_+），右側の円偏波は負円偏波（μ_-）と
なる．磁界 H_0 を μ_+ が正で小さな値になるように設定すると，図 5・28 からわ
かるように $\mu_- > \mu_+$ となり，マイクロ波の位相速度（$\propto 1/\sqrt{\mu}$）は左側（μ_+ 側）
が大きくなる．したがって，図 5・34 (b) のように Y 型の 3 分岐導波管の分岐
点に円柱状のフェライトを置き，紙面に垂直で上向きに磁化しておけば，導波
管の開口①から入射したマイクロ波は開口②に向かい，③には出てこない．Y
分岐を対称な 3 分岐としておけば，マイクロ波の通路が①→②，②→③，③→
①となることは理解できる．このためにサーキュレータの名がある．

　なお，サーキュレータには 3 ポート型に限らず 4 ポート以上のサーキュレー
タがある．これらは 3 ポート型サーキュレータの組合せで構成できる．一般に
n ポートサーキュレータは**図 5・35** のように表され，①→②，②→③，⑩→①
のように入出力される．

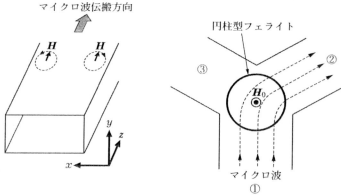

（a）導波管側面に生じる磁界の円偏波　　（b）フェライトを用いたサーキュレータの原理

図 5・34　Y 分岐サーキュレータ

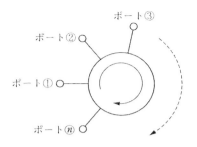

図 5·35 n ポートサーキュレータ

5·11 マイクロ波集積回路素子

マイクロ波集積回路 (microwave integrated circuit：MIC) はこれまで述べた立体回路を用いた素子に対して，薄膜技術を用いて基板上にマイクロ波帯で有効な抵抗 (R)，インダクタンス (L)，キャパシタンス (C) やその他の素子を構成し，ストリップ線路や半導体素子と組み合わせることにより，装置を小型化する目的で開発された回路素子である．低周波用の R，L，C などはマイクロ波帯などの高い周波数で用いると，それらのリード線や素子を構成する導体がインダクタンスとなったり，あるいは浮遊容量が生じることにより，機能しなくなる．そのためマイクロ波帯ではこれらの機能をもった素子は特別な配慮のもとに作る必要がある．MIC 用素子は立体回路で構成されている各種素子とほぼ同種の機能の素子があるが，ここでは基本的な素子について述べる．

① 抵抗素子

抵抗素子は図 5·36 に示すように，誘電体基板上に薄膜で作られる．薄膜材料としてはニクロム (NiCr) や窒化タンタル (Ta_2N) が多く用いられる．

図 5·36 抵抗素子

② インダクタンス素子

インダクタンス素子はいろいろな形状のものがあるが，最も簡単なものとしては**図5・37**（a）にあるような，接地導体から十分離れた空間に置かれたリボン状の導体がインダクタンスとしてはたらく．さらに大きなインダクタンス用としては同図（b），（c）のように，円形あるいは方形のスパイラル状に構成された素子がある．

（a）リボン状インダクタンス素子　　　　（b）スパイラル状インダクタンス素子

図5・37　インダクタンス素子

③ キャパシタンス素子

キャパシタンス素子は**図5・38**に示した2種類のタイプがある．同図（a）は薄膜コンデンサと呼ばれ，基板上に電極，絶縁層，電極の3層構造として作られる．いずれも薄膜でできており，絶縁層は酸化シリコン（SiO_2）などの絶縁性の高い材料が用いられる．同図（b）はインターディジタル型コンデンサと呼ばれるタイプであり，基板上に櫛の歯状の2枚の電極を交差させて配置した構造となっている．櫛の歯を交差させることにより両電極間の対面面積を大きくし，必要な容量をもたせている．薄膜型は数10 pF（ピコ・ファラド：10^{-12} F）程度，インターディジタル型は数 pF 程度に用いられる．

電極　絶縁層　電極

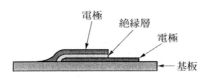

基板

（a）薄膜コンデンサ　　　　（b）インターディジタル型コンデンサ

図5・38　キャパシタンス素子

4 方向性結合型

図 5·39 はハイブリッドリングと呼ばれる 2 種類の方向性結合器を示している. 1 つのポートから入力したマイクロ波電力の 1/2 を他の特定のポートに結合させる 3 dB 方向性結合器である. ブランチライン型とも呼ばれる. 同図 (a) はリング型と呼ばれ, 各ブランチの長さが 1/4 波長となっている. このリングの接続される線路の特性インピーダンスを Z_0, ブランチ 1-2 および 3-4 の特性インピーダンスを Z_s, ブランチ 1-3 および 2-4 の特性インピーダンスを Z_p とすると, $Z_p = Z_0$, $Z_s = Z_0/\sqrt{2}$ のように設定する. このとき, ポート① から入力したマイクロ波は 1-2-4 のルートと 1-3-4 のルートを経由してポート ④に至るが, 両ルートは同じ長さであるから両波は同相となり, ポート④には入力波電力の 1/2 (− 3 dB) が出力される. 一方, ルート 1-3 とルート 1-2-4 –3 は $\lambda_g/2$ の差があるのでポート③には出力されない. ポート②には, 1-3-4-2 と迂回して残りわずかになった逆相波がくるが, 1 から直接くる波が優勢であるから出力がある. 以上の関係は他のどのポートから見ても同様のことが成り立つ.

同図 (b) はその形状からラットレース型と呼ばれる方向性結合器である. (a) の場合と同様に考えて, ポート①から入力すると②と④に出力されるが③には出力されない. また④から入力すると①と③には出力されるが②には出力されない. ②あるいは③から入力した場合は上の場合との対象性から容易に理解できる.

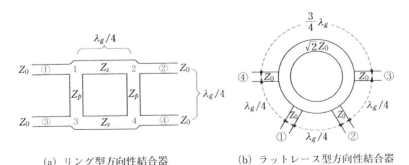

(a) リング型方向性結合器   (b) ラットレース型方向性結合器

図 5·39 ハイブリッドリング

　図 5·40 は 1/4 波長分布結合型方向性結合器を示している．基本構造は，2
本の同じストリップ線路が平行に接近して配置された形である．各ポートが全
て整合している場合，接近部分の長さが $\lambda_g/4$ のとき最も大きな結合が得られ
る．ポート①から入力すると③に一定の割合で結合され，④には出力されない．
このタイプの方向性結合器は広範囲の結合度を与えることができる．

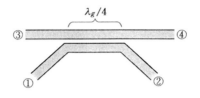

図 5·40　1/4 波長分布結合型方向性結合器

第5章　演習問題

1. 方形導波管 WRJ-10（内径 22.9×10.2）を 10 GHz のマイクロ波が伝搬している．
この導波管にリアクタンス減衰器を設けて 30 dB 減衰させたい．減衰器部の幅を導波
管の幅の 1/2 としたとき，その部分の長さはいくらにすればよいか．

2. 3 ポート型サーキュレータを 2 個用いて 4 ポートサーキュレータを構成せよ．

3. 方形導波管における TE₁₀ モードの磁界の完全な円偏波の生じる位置を与える式を
求めよ．それによって，WRJ-10 に 10 GHz のマイクロ波を伝搬させた場合に具体的
に位置を計算せよ．

4. 方形導波管の幅中央における TE₁₀ モードの電界と管壁の電流によるインピーダン
スを求め，導波管 WRJ-10，周波数 10 GHz の場合についてその値を計算せよ．

第6章
マイクロ波の発振、増幅、検出

　いまでは，電磁波の発振や増幅に半導体素子が多く用いられるが，トランジスタが発明されたのが 1948 年であり，トランジスタを基本とした半導体素子がマイクロ波の発振，増幅などに用いられるようになったのはおよそ 1970 年代からである．それ以前は電子管が用いられ，現在でも比較的高出力の領域では電子管が欠かせない素子となっている．そこで，この章では，まず電子管によるマイクロ波の発振，増幅を取り上げ，次に半導体によるデバイスについて述べる．

6・1　マイクロ波電子管

　マイクロ波より周波数の低い電磁波の発振，増幅には**図 6・1** にその概念図を示すような，**3 極管**をベースとしたいわゆる多極管が使用される．

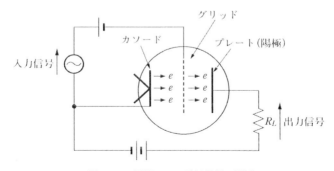

図 6・1　3 極管による電気信号の増幅

　3 極管は図のように, ガラスの真空容器の中に, **カソード（陰極）, グリッド（格子）, アノード（陽極**あるいは**プレート）**の各電極が設けられている. カソードから放出された電子流はグリッドに印加されている信号電圧により制御されて陽極に流れる. この陽極電流が負荷抵抗 R_L に流れることにより, 増幅された出力電圧が得られる.

　この増幅の原理をマイクロ波のような高い周波数に適用した場合を考えよう. 例えば, マイクロ波の周波数を 10 GHz (10^{10} Hz) とすると, その周期は 10^{-10} s である. これに対し, 陽極電圧 100 V と仮定すると, 電子の直流（平均）速度は約 6×10^6 m/s となる. 3 極管が増幅器として正常にはたらくには, 電子は信号の位相がほとんど変わらないうちに, すなわち, 10^{-10} s より十分小さい時間内に, カソードから陽極に到達しなければならない. そのためには, 電子の速度から考えて, 電極間隔は 0.6 mm より十分小さな距離, すなわち, 0.1 mm 以下となってしまう. このような微細な間隙をもち, かつ高温に加熱される構造物は製作が困難である.

　電極間を電子が走行する時間を**電子走行時間**というが, 3 極管では問題となった電子走行時間を逆に利用して発振, 増幅を行わせる電子管が考案された. これがマイクロ波電子管と呼ばれる. マイクロ波電子管には多くの種類があるが, 代表的な 3 種類について述べる.

① クライストロン

　クライストロン（klystron）は **5·9** 節で述べた空洞共振器を複数個従属に並べて, 各空洞の中央に孔を空け, 電子ビームを通す構造となっている. 断面構造は概略**図 6·2** のようになっている. 電子流は左側の電子銃から発生, アノードで加速され, 外部に設けられた磁石によりビーム状に収束形成され, 空洞の中心部を通って右側のコレクタで回収される.

　空洞は円筒型で, 中心の開口部は電子ビームが通過するのに必要十分な大きさとなっており, かつ, 空洞電界が電子ビームと有効に相互作用するために電界が集中するよう, フェルール（ferrule, 金輪）が設けてある.

　クライストロンの原理をわかりやすくするために, 最も単純なタイプである 2 空洞型について説明する.

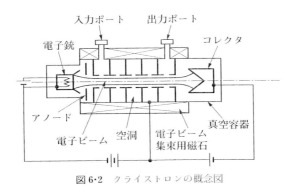

図 6・2 クライストロンの概念図

図 6・3（a）は 2 空洞型クライストロンの断面構造の概略を描いてある．図の左側から電子銃（図には省略してある）で発生した電子ビームが入力空洞を通過し，電界のないドリフト空間を進行し，出力空洞を通過して最後にコレクタ（図には省略）で回収される．また同図（b）は電子ビームの電子が，入力空洞に入射されたマイクロ波信号によりフェルール間のギャップに生じたマイクロ波電界の各位相で，加速・減速を受けた結果の電子の軌跡を示している．横軸は時間，縦軸は軸方向距離である．これは**電子走行線図**と呼ばれる．マイクロ波電界が正の期間に通過する電子は加速され，負の期間に通過する電子は減速される．その結果，電子軌跡の勾配は異なってくる．このような現象を電子の**速度変調**という．速度変調を受けた電子はある距離進んだ位置で密度の高い部分（電子軌跡がクロスしている部分）と小さな部分ができる．すなわち，電子ビームに疎密波が形成される．この現象は**密度変調**と呼ばれる．電子ビームが密度変調された位置に出力空洞を置くと，電子ビームの疎密に応じて空洞に電界が誘導される．このとき，電子ビームのエネルギーが十分大きく，空洞の共振性（Q）が十分高ければ，入力信号は幾 100 倍にも増幅されて出力空洞から得られる．

　2 空洞クライストロンの動作を小信号（マイクロ波信号の振幅が電子ビーム電圧に比べて十分小さい）の場合について，もう少し詳しく調べよう．電子銃から発射された電子流は電圧 V_0 で加速されている．マイクロ波入力信号による入力空洞フェルール間のギャップの電圧が電子ビームの位置で $V_1 \sin \omega t$ とすると，入力空洞を通過した電子の速度は，

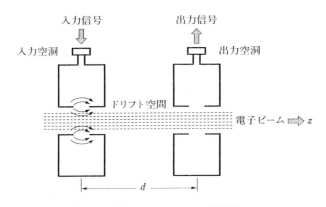

(a) 2空洞クライストロンの原理図

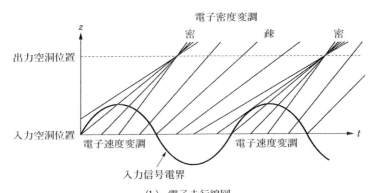

(b) 電子走行線図

図6・3　クライストロンにおける増幅の原理

$$u = \sqrt{\frac{2e}{m} V_0 \left(1 + \frac{V_1}{V_0} \sin \omega t_0\right)} \cong u_0 \left(1 + \frac{V_1}{2V_0} \sin \omega t_0\right) \qquad (6 \cdot 1)$$

ただし，e は電子電荷，m は電子質量，t_0 は電子が入力空洞に達したときの時刻である．また小信号，すなわち $V_1 \ll V_0$ であるから，左辺平方根内を2項展開し1次の項のみをとり，$u_0 = \sqrt{2eV_0/m}$ とおいた．式 (6・1) が電子の速度変調を示している．入力空洞ギャップを時刻 $t_0 \sim t_0 + dt_0$ に通過した電子流 I_0（ここではまだ変調の効果は表れていないので，I_0 は直流電流）が距離 d だけ離れた出力空洞ギャップに時刻 $t \sim t + dt$ に電流 I として到達したとすると，電荷保存則より，

$$I_0 dt_0 = I dt$$

したがって,

$$I = I_0 \frac{dt_0}{dt}$$

となるが,図6·3からもわかるように密度変調による電子集群は入力空洞を異なる時刻に通過した電子によって生じるので,

$$I = I_0 \sum \left| \frac{dt_0}{dt} \right| \tag{6·2}$$

と表さなければならない.この効果を考慮に入れるため次のような演算を行う.

出力空洞に到達する時刻 t は t_0 より d/u だけ遅れる.したがって,

$$t = t_0 + \int_0^d \frac{dz}{u} = t_0 + \frac{d}{u_0(1 + \dfrac{V_1}{2V_0}\sin\omega t_0)}$$

$$\cong t_0 + \frac{d}{u_0}(1 - \frac{V_1}{2V_0}\sin\omega t_0) \tag{6·3}$$

したがって,

$$\frac{dt}{dt_0} = 1 - X\cos\omega t_0 \tag{6·4}$$

ここで,

$$X = \frac{\omega V_1 d}{2u_0 V_0} \tag{6·5}$$

X はバンチングパラメータと呼ばれ電子集群の様子を示す指数である.結局,式 (6·2) は次の式に書き換えられる.

$$I = I_0 \frac{1}{1 - X\cos\omega t_0} \tag{6·6}$$

この式は出力空洞ギャップを通過する電子流を与えているが,右辺を,

$$\tau = \omega t - \omega d/u_0 = \omega t_0 - X\sin\omega t_0$$

についてフーリエ級数展開し第 n 次の電流の振幅を求めると,ベッセル関数を用いて,

$$I_n = 2I_0 J_n(nX) \tag{6·7}$$

が得られ,集群電子流は無数の高調波からなっていることがわかる.

ここで2空洞クライストロンの小信号を前提とした場合の最大効率を考えてみよう.電流の基本波は $I_1 = 2I_0 J_1(X)$ であり,$J_1(X)$ は $X = 1.84$ のとき最大

値 0.58 をとるから，$I_{1\,max} = 2 \times 0.58\,I_0$．集群電子流が出力空洞に電流 i_d を誘導
し，それにより出力空洞ギャップに電圧が発生する．このときギャップ電圧
V_g は V_0 より小さい．V_g が電子の直流電圧 V_0 を超えると，減速位相のときは電
子は前進できなくなるからである．また $i_d < I_{1\,max}$ であることも明らかである．
さらに，出力空洞に誘導される電力が 100% 出力電力となることはない．した
がって出力電力 P_0 は，

$$P_0 < \frac{V_g i_d}{2} < \frac{V_0 I_{1\,max}}{2} = 0.58\,V_0 I_0$$

効率は出力対入力電力である電子ビームの直流電力 $V_0 I_0$ の比であるから（マイ
クロ波の入力電力は通常，電子ビームの直流電力に比べて無視できるほど小さ
い），

$$\eta = \frac{P_0}{V_0 I_0} < 0.58 \tag{6・8}$$

すなわち，2 空洞クライストロンの効率は 58% を超えることはない．

　以上は小信号を前提とした解析の結果であるが，クライストロンは通常，大
信号で動作される．この場合は効率はさらに高くなる可能性がある．特にクラ
イストロンは非常に高い出力での用途が多いため，高効率化の研究が行われて
いる．

　クライストロンは通常，入力と出力空洞の間に少しずつ共振周波数の異なる
複数の空洞を入れることにより，増幅周波数帯域幅を広くなるように設計して
いる．これは多空洞クライストロンと呼ばれる．

　クライストロンは熱的に丈夫な構造とすることが容易であることから，高出
力のマイクロ波増幅管として使用される．比較的高い周波数で高出力の例とし
ては，3 GHz 帯で連続波 1 MW（10^6 W），同じ周波数帯でパルス動作用として
40 MW のものなどが作られている．周波数の高い領域では，衛星通信におけ
る地球局用として 30 GHz 帯で出力 500 W のクライストロンが開発された．
クライストロンはその他，粒子加速用として高エネルギー物理学等の分野でも
活躍している．

② マグネトロン

　非常に効率の良いマイクロ波発振管としてマグネトロン（magnetron，磁電

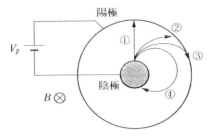

図6·4 マグネトロンの原理

管）がある．マグネトロンの原理的な構造は**図6·4**のように，同軸状に配置された2つの電極からなり，中心電極が電子を放出する陰極で，外側の電極は陽極となっている．

いま，陽極に一定の電圧をかけ，電極軸に平行に（電界に直角に）磁束密度Bの磁界を印加した状態を考える．このとき，陰極から出た電子は次式のローレンツ力を受ける．ただし，eは電子の電荷（絶対値），vは電子速度である．

$$F = -e(E + v \times B) \tag{6·9}$$

すなわち，電子は電界による半径方向の力以外に，速度に対し直角な右方向の力を受ける．したがって，磁界を0からしだいに強くしていくと，図6·4に示した①から④の軌跡を描く．この内①から③までの場合は電子は陽極に達し，陽極電流となる．③〜④では陽極に至らないで陰極に戻る．両者の境界の③の軌道のときの磁界を**臨界磁界**という．一般にマグネトロンは臨界磁界よりやや強い磁界で動作させる．

マグネトロンは電子のこのような動きと，陽極に配した共振器との相互作用を利用したものである．

発振を誘起させる形態には3種類あるが，ここでは実用されている**B型振動**と呼ばれる発振形態について述べる．

B型振動を用いるマグネトロンの断面形状は**図6·5**に示すように，陽極を円周方向に複数に分割し，隣り合う陽極間のギャップには空洞共振器が設けられている．磁界は電極軸方向（紙面に垂直）に加えられる．陽極には高電界が印加されているから，陰極からは十分な電子が放出され，両電極間には空間電荷が存在していると考えられる．この空間電荷は右方向に回転しているが，このとき，共振器ギャップの電界と相互作用して発振を生じるためには，電荷が1

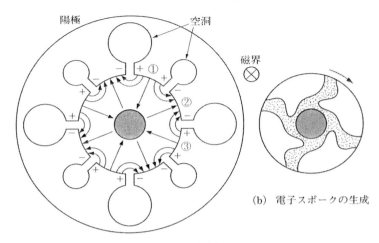

(b)　電子スポークの生成

(a)　マグネトロン断面図と電界（矢印）
　　　中心部の黒丸は陰極

図 6·5　マグネトロン π モードの動作

回転したときに正帰還となる必要がある．そのためには，共振器の数が N で
あれば，隣接するギャップ電界の位相差を θ とすると，

$$N\theta = 2n\pi \tag{6·10}$$

でなければならない．特に，$N = 2n$ のとき $\theta = \pi$ となり，このような位相に
おける動作を **π モード** という．この場合，隣り合う陽極ギャップ電界は交互に
正負の極性となる．

　さて，電子ビームの中にはあらゆる位相とあらゆる周波数の振動が，きわめ
て低いレベルながら存在している．これを **雑音** という．いま，その中に π モー
ドの位相関係を満たす成分があったとすると，電極間には図 6·5 に示すような
微弱な電界分布が発生しているはずである．このとき，正符号の付いた電位の
高い陽極（例えば①）と負符号の付いた電位の低い陽極（例えば②）が作るギャッ
プと陰極との間の空間にあった電子群は，全体としては右回転をしている電子
の流れに対しては，逆方向の力を受けて減速する．その結果，式（6·9）によっ
て，電子を陰極方向に曲げる力が小さくなり，陽極の方向に近づく．一方，陽
極②と③の作るギャップと陰極の間の空間にある電子群は右回転方向の力を受
ける結果速度が増し，陰極方向へより多く曲げられる．このときの電子の回転

角速度 ω_c がギャップ電界の回転角速度（ある位相のギャップ電界がギャップを順次移動していく速度）ω とほぼ等しければ，上のように加速と減速を受けた結果，電子群は回転方向に疎密が形成される．

また，より陽極に近づいた電子群は回転速度が小さくなるが，より陰極に近づいた電子群は回転速度が大きくなる．その結果，集群電子は図 6·5 (b) に描いたように，半径方向に曲がった回転する電子スポークとなる．少し回転の遅れた電子スポークが，陽極ギャップ電界が電子に対し減速電界となっている空洞に出あうと，そこにエネルギーを与えて電界を成長させる．このプロセスが短時間に積み重なって発振に至る．

以上のように B 型マグネトロンが発振する条件は，印加磁界が臨界磁界より大きいことと，電子スポークの回転速度と陽極空洞ギャップ電界が周回する速度とが等しいことである．臨界磁界 B_c は，陰極および陽極の半径をそれぞれ a および b とすると，

$$B_c = \frac{2b}{b^2-a^2}\sqrt{\frac{2mV_p}{e}} \qquad (6·11)$$

ただし，V_p は陽極電圧，m および e は電子の質量および電荷である．したがって，印加する磁界 B は $B \geq B_c$ となる．また，電子と空洞ギャップ電界の回転角速度が等しいという条件を適用すると次の関係が得られる．

$$V_p = \frac{\omega(b^2-a^2)}{2n}\left(B - \frac{\omega m}{ne}\right) \qquad (6·12)$$

ただし，ω はギャップ電界の回転角速度，$n = N/2$ である．

B 型マグネトロンの効率（発振電力対入力電力）η は次式のように求められる．

$$\eta = 1 - \frac{(b+a)/(b-a)}{\dfrac{ne}{\omega m}B - 1} \qquad (6·13)$$

したがって，磁界が強いほど効率は高くなる．

なお，図 6·5 にあるように，陽極空洞が大小交互に配置された構造となっているのは，マグネトロンには多くの発振モードが存在するので，そのなかで必要な π モードを安定して発振させるためである．

マグネトロンにおけるエネルギーロスは，電子が陽極に突入するときのエネルギーであり，良く設計されたマグネトロンでは，このときの電子の速度は非

常に小さくなっている．そのため，マグネトロンの効率は一般に非常に高く，75%以上である．応用範囲は広く，家庭用としては電子レンジ（周波数 2.45 GHz）に使用されている．またその高い効率に着目して，宇宙空間で太陽光をマイクロ波に変換し地球に送電することを目的に更なる高効率化を目指して開発が進められている．

③　進行波管

　進行波管（traveling-wave tube，略称 **TWT**）は構造的にはクライストロンと似ているが，動作原理は異なり，むしろ B 型マグネトロンと似ている．進行波管の原理的な構造を**図 6·6** に示した．真空容器中に納められた電子銃，低速波回路，コレクタから構成されている．**低速波回路**の周辺には，真空容器の外側に電子ビームを集束するための磁石が配置されている．

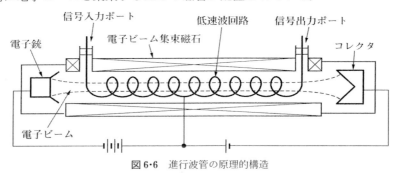

図 6·6　進行波管の原理的構造

　電子銃から発生した電子流は磁石により細いビーム状に集束され，低速波回路の内部を軸に沿って進行し，コレクタに収集される．マイクロ波は電子銃側にある入力ポートから低速波回路に導入され，回路を電子ビームと同じ速度で伝搬しながら増幅されて，コレクタ側の出力ポートから外部回路に導出される．低速波回路には多くの種類があるが，マイクロ波電界と電子ビームとを相互作用させるために，マイクロ波の軸方向の位相速度を光速の 1/10 程度に低下させ，電子ビームの速度と同程度にするためのものである．図 6·6 では最も多く使用される**らせん型低速波回路**を示している．マイクロ波の電磁界はらせんの素線に沿って光速で進行するので，らせんの半径を r，ピッチを p，直径に対するらせんの傾き角を θ，光速を c とすると，軸方向の速度は概略次の式で与

えられる.

$$v_p = pc\cdot\cos\theta/2\pi r \tag{6·14}$$

　この v_p がらせん回路の位相速度であり，電子ビームの速度と位相速度がほぼ等しくなるように設計する．式 (6·14) からわかるように，らせん回路の位相速度は周波数に依存しないので，らせんを用いた TWT では非常に広帯域の特性が得られる（ただし，後の解析からわかるように，正確には周波数に依存する）.

　また，らせんの寸法は，数ピッチ分のらせんの長さがマイクロ波の波長に等しくなるように設定する．そうすると，らせん上のマイクロ波電界は図 6·7 のように，電子ビームの通るらせんの内部で電界が z 方向，すなわち，電子ビー

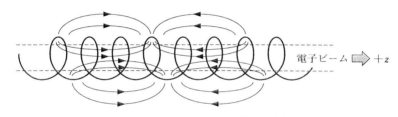

図 6·7　らせん上のマイクロ波電界分布

ムの進行方向の成分をもった分布となる．この電界が電子ビームとほぼ等しい速度 v_p で z 方向に進行するから，電子ビームはマイクロ波電界が $-z$ 方向を向いた部分では加速され，ビームの平均速度より少し先へ進む．またマイクロ波電界が $+z$ 方向を向いた部分では減速され，平均速度より少し遅くなる．すなわち電子ビームは速度変調される．電子ビームとマイクロ波がこのような相互関係で z 方向へ進行していくと速度変調は蓄積され，図 6·8 に示すように，電子ビームには疎密が形成され，密度変調されたビームとなる．

　このように集群した電子はらせんを伝搬するマイクロ波の速度をわずかに遅らせる作用がある．らせんは図 6·9 のような直列リアクタンス X と並列サセプタンス B の分布した分布定数線路で近似的に表され，集群した電子ビームはらせんに対して容量的に作用する．その影響でらせん回路の並列容量 C が少々増加し，分布定数線路の位相速度は小さくなる（式 (2·20) 参照）．そのため，z 方向に進行するに従って，集群して密度の高くなった電子ビームの部分

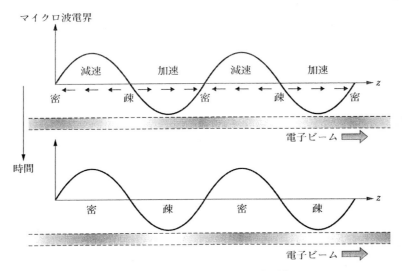

図6・8　らせん回路と電子ビームの相互作用

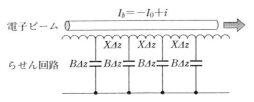

図6・9　らせんの等価分布定数回路と電子ビームの系

は回路波の減速電界の領域に達する．そのような位相関係の場所では集群電子
は回路波にエネルギーを与える．z 方向に進行しながらこの効果は蓄積され，
回路電界，すなわちマイクロ波は増幅される．以上が TWT の増幅作用の原
理である．

　TWT の増幅作用を少し定量的に調べてみよう．クライストロンの場合と同
様，小信号を前提とする．図6・9のようにらせんを等価的に，単位長さ当たり
直列リアクタンス X および並列サセプタンス B をもった分布定数線路とみな
し，これに接近して電子ビーム $I_b = -I_0 + i$ が流れている系を考える（I_0 は直
流分，i は交流分）．先に説明したように，らせんには密度変調された電子ビー
ムにより誘導電流が流れる．単位長さ当たりの誘導電流を i_d とすると，i_d は
電子ビーム電流の変化分に等しいから，

$$i_d = -\frac{di}{dz} \tag{6・15}$$

このことを考慮に入れて分布定数線路に関する式 (2・6)，(2・7) を適用すると，

$$\left.\begin{array}{l} \dfrac{\partial V}{\partial z} = -jXI \\[2mm] \dfrac{\partial I}{\partial z} = -jBV + i_d = -jBV + \varGamma i \end{array}\right\} \tag{6・16}$$

ただし，交流量は $e^{j\omega t - \varGamma z}$ によって変化するから，z に関する偏微分は $-\varGamma$ を
かけることでおきかえた．式 (6・16) から I を消去すると，

$$V = -\frac{jX\varGamma i}{\varGamma^2 + XB} = -\frac{\varGamma \varGamma_1 K}{\varGamma^2 - \varGamma_1^2} i \tag{6・17}$$

ここで $\varGamma_1 = j\sqrt{XB}$，$K = \sqrt{X/B}$ とおいた．$\varGamma_1$ はらせん自身の（電子ビームが
無いときの）伝搬定数であり，K はらせんの特性インピーダンスであることは
式 (2・11)，(2・17) から明らかである．

次に，電子ビームの速度 u を直流成分 u_0 と交流成分 u_1 に分けて $u = u_0 + u_1$ と表せば，電子の運動方程式は，E_z を電子にはたらく z 方向の電界と
して，

$$\frac{du}{dt} = -\frac{e}{m}E_z = \frac{e}{m}\frac{\partial V}{\partial z} = -\frac{e}{m}\varGamma V \tag{6・18}$$

u は時間と位置 z の関数であるから，

$$\frac{du}{dt} = \frac{du_1}{dt} = \frac{\partial u_1}{\partial t} + \frac{\partial u_1}{\partial z}\frac{dz}{dt} = \frac{\partial u_1}{\partial t} + (u_0 + u_1)\frac{\partial u_1}{\partial z} \tag{6・19}$$

ここで，$|u_1| \ll u_0$ として，高次の項を無視すると，

$$\frac{du_1}{dt} = \frac{\partial u_1}{\partial t} + u_0\frac{\partial u_1}{\partial z} = j\omega u_1 - \varGamma u_0 u_1 \tag{6・20}$$

ただし，時間に関する偏微分は $j\omega$ でおきかえてある．また，電子ビームの単
位長さ当たりの電荷（線電荷密度）についても直流分と交流分に分けて表し，
$\rho = \rho_0 + \rho_1$ とすると，電流は連続でなければならないから，

$$\frac{\partial i}{\partial z} = -\frac{\partial \rho}{\partial t} = -\frac{\partial \rho_1}{\partial t}$$

の関係が成り立っている．したがって，

$$\Gamma i = j\omega\rho_1 \tag{6・21}$$

さらに，ビーム電流は $I_b = \rho u$ であるから，

$$-I_0 + i = (u_0 + u_1)(\rho_0 + \rho_1) = u_0\rho_0 + \rho_0 u_1 + u_0\rho_1 + u_1\rho_1$$

$-I_0 = u_0\rho_0$ の関係を用い，また高次の項 $u_1\rho_1$ を無視すると，

$$i = \rho_0 u_1 + u_0 \rho_1 \tag{6・22}$$

が得られる．以上の式 (6・18)，(6・20)，(6・21)，(6・22) より ρ_1, u_1 を消去すると，次の関係が得られる．

$$i = \frac{j\beta_e\Gamma}{(j\beta_e - \Gamma)^2}\frac{I_0}{2V_0}V \tag{6・23}$$

ただし，$\beta_e = \omega/u_0$, $V_0 = \dfrac{1}{2}\dfrac{m}{e}u_0^2$ とおいた．式 (6・17)，(6・23) より i/V を等しくおくと，

$$(j\beta_e - \Gamma)^2 = \frac{j2\beta_e\Gamma^2\Gamma_1}{(\Gamma_1^2 - \Gamma^2)}\frac{KI_0}{4V_0} \tag{6・24}$$

ここで，

$$C^3 = \frac{KI_0}{4V_0}$$

で表される C を定義する．C は結合係数（あるいは利得パラメータ）と呼ばれ，低速波回路と電子ビームの結合の程度を表す．したがって，利得に直接関わってくる量である．なお，式 (6・17) はビーム電流と回路波電圧（したがって電界）の関係を表しているが，電子の作用するビーム電流自身の電荷の効果は考慮されていない．この効果を表すために Q なる量を導入し，式 (6・24) を書き直すと，次の式が求められる．

$$(j\beta_e - \Gamma)^2 = \frac{j2\beta_e\Gamma^2\Gamma_1}{\Gamma_1^2 - \Gamma^2}C^3 + 4QC^3\Gamma^2 \tag{6・25}$$

この式から Γ を求めると，一般に低速波回路をビーム電流と相互作用しながら伝搬する波の特性を知ることができる．式 (6・25) は Γ の 4 次式であるから 4 種類の波がある．1 番目は伝搬に従って増大する波であり，TWT として目的とする波である．2 番目は減衰していく波，3 番目は増大も減衰もしないで伝搬する非減衰波，最後は電子ビームと逆の方向に進む後進波である．後進を利用して発振管を作ることができるが，TWT としてはこのモードは抑えなけ

ればならない.

TWT の利得は,

$$G = A + BCN \quad \text{(dB)} \tag{6·26}$$

で与えられる. A は初期損失と呼ばれ, 低速波回路の入力点で系の境界条件を満たすために生じる. B は増大波の増大率を $\beta_e C x_1$ としたとき, $B = 54.6\, x_1$ で与えられる. ただし x_1 は Γ の 4 つの根のうち増大波に対応する根に関係する量である. N は低速波回路長 l を波数で表した量 l/λ である. 式 (6·26) を $2\pi CN$ を横軸としたグラフにプロットした例を**図 6·10** に示す. この場合, 初期損失は約 9 dB となっている.

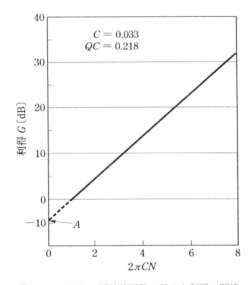

図 6·10　TWT の低速波回路の長さと利得の関係

　らせん型 TWT は先に述べたように非常に広帯域な増幅器とすることができるので, 大容量**マイクロ波通信**の**中継増幅器**として多く用いられてきた. なかでも, **衛星通信**や**衛星放送**では高い周波数で高出力が要求され, このような目的には TWT は不可欠な存在である.

　TWT やクライストロンではマイクロ波と電子ビームの相互作用する領域(低速波回路部あるいは空胴)と, 使用済みの電子ビームの収集場所(コレクタ)

が構造的に分離されているので，発生する熱の処理が比較的容易である．その
ため高出力に向いており，数 100 W から kW の出力のものがある．特にクラ
イストロンは熱的に丈夫な構造とすることができるため，クライストロンの項
で述べたようにさらに高い出力のものがある．半導体では結晶の内部で全てが
処理されるため，本質的に高出力には向かない．

6・2　マイクロ波半導体素子

① ダイオード

ダイオード(diode) とはその名のとおり，元々 2 極の電子管のことを指して
いたが，半導体が実用されてからは半導体ダイオードのことをいう．ダイオー
ドには構造，機能により多くの種類があるが，ここではマイクロ波で使用され
る検波用ダイオードについて述べる．

検波用ダイオードは古くから用いられてきた点接触ダイオード，半導体の
pn 接合や半導体と金属の接触（ショットキー接触）などの示す可変抵抗特性を
利用し，検波などに応用したものである．これらのダイオードの V – I（電圧-
電流）特性は次式で与えられる．

$$I = I_s \left[\exp \frac{eV}{kT} - 1 \right] \tag{6・27}$$

ここで，e は電子電荷（絶対値），V は印加電圧，I_s は飽和電流，T は絶対温
度，k はボルツマン定数である．式 (6・27) をプロットすると，図 6・11 のよう

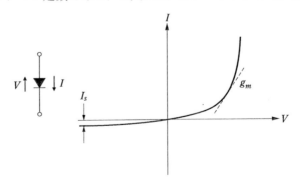

図 6・11　検波用ダイオードの電圧-電流特性

な特性曲線となる. 飽和電流 I_s は電圧を負の方向に大きくしたときにわずかに流れる電流である. この曲線の任意の点における勾配はコンダクタンス $g = dI/dV$ を与えるが, その値は場所によって異なる (このために可変抵抗素子と呼ばれる). このような $V-I$ 特性の非直線性を利用して, 交流信号の検波やミキサとしての応用がある.

マイクロ波帯では pn 接合を用いたダイオードは, 半導体中でのキャリアの再結合時間がマイクロ波周波数の周期よりも長いため検波用としてはあまり使用されない. マイクロ波帯では点接触型やショットキー接触型が用いられ, pn 接合型は以下で述べるような発振用としていろいろな工夫がなされている.

2 トンネルダイオード

トンネルダイオード (tunnel diode) は通常の半導体に比べて不純物濃度が非常に高い n 型および p 型半導体によって pn 接合を作ったダイオードである. この pn 接合の**エネルギーバンド構造**[*]を図 6·12 に示す. 同図において E_C は伝導帯最下位の準位, E_V は価電子帯最上位の準位, E_F はフェルミ準位である.

フェルミ準位 (電子の存在確率が 1/2 となる準位) は, 不純物を全く含まない真性半導体では, 禁制帯の真ん中に位置するが, 不純物濃度が増すと, n 型では伝導帯の方へ近づき, 遂には伝導帯中に入ってしまう. p 型では逆に価電子帯に近づき, 遂には価電子帯中に入ってしまう. 熱平衡状態にある pn 接合では p, n 両領域を通してフェルミ準位は同一のレベルとならなければならないから, 同図 (a) のようになる. このとき接合の境界近傍にできる**空乏層** (自由電荷がなく, 結晶原子のイオン化した固定電荷の層) は非常に狭くなる. また両領域間の電位障壁 (両領域の E_C あるいは E_V の差) は非常に高くなっている. このような pn 接合に順方向電圧 (p 側を +, n 側を −) を少し加えると, 同図 (b) のように p 領域価電子帯のフェルミ準位 E_F より上の層 ($E_V \sim E_F$) と, n 領域伝導帯の E_F より下の層 ($E_F \sim E_C$) が同じレベルになる. すなわち

---

[*] エネルギーバンド構造とは, 半導体中の電子エネルギー準位を示すもので, 上部 (エネルギーの高い) バンドは伝導帯と呼ばれ, このバンドでは電子は少ししか存在しないが, 自由に動くことができる (電子がキャリア). 下部 (エネルギーの低い) バンドは価電子帯と呼ばれ, 電子が充満しており, 動くことができない. しかし正の電荷をもつ正孔は自由に動くことができる. 伝導帯と価電子帯に挟まれたバンドは禁制帯 (禁止帯) と呼ばれ, ここは電子のもつことのできないエネルギーバンドである.

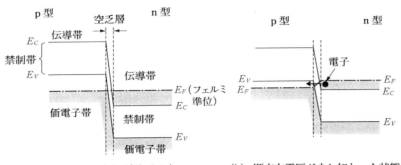

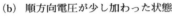

(a) 熱平衡状態（電圧印加なし）　　　　(b) 順方向電圧が少し加わった状態
　　　網線部は電子が充満している準位

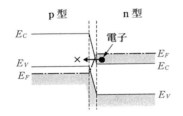

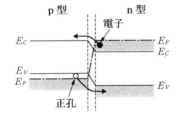

(c) 順方向電圧を大きくした状態　　　　(d) 順方向電圧をさらに大きくした状態

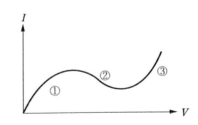

(e) トンネルダイオードの電圧-電流特性

図 6·12　トンネルダイオードの原理

p 領域価電子帯には電子の不足した部分（$E_V \sim E_F$），n 領域伝導帯には電子が過剰となった部分（$E_F \sim E_C$）が同じエネルギーレベルに存在する．このとき，電子と正孔に対して高い電位障壁が存在しても，量子力学的に電子および正孔はその境界を突き抜けて，電子は n 領域から p 領域へ，また正孔は p 領域から n 領域へ，移動することができる．この現象を**トンネル効果**という．

　トンネルダイオードの動作は次の順序で説明される．

(1) 順方向電圧を少し加えると，同図 (b) のように，電位障壁が少し低く
なり，上で述べたように n 領域の伝導帯の電子が p 領域の電子の不足し
ている価電子帯の準位へトンネル効果により移動する．したがって p→n
の電流が流れる．

(2) 順方向電圧を増していくと，さらに電位障壁は低くなり，同図 (c) の
ように，n 領域の伝導帯の電子の左側は p 領域の禁制帯であるから，電子
は通り抜けができなくなる．したがって，電流は流れない．

(3) 順方向電圧をさらに大きくすると，同図 (d) に示すように，電位障壁
がさらに小さくなり，この状態ではトンネル効果ではなく通常の通路，す
なわち，電子は n 領域の伝導帯から p 領域の伝導帯へ，正孔は p 領域の
価電子帯から n 領域の価電子帯へ，それぞれ流れるから順方向電流が増
大する．

以上の過程を $V - I$ 特性にプロットしたのが同図 (e) である．

トンネルダイオードは $V - I$ 特性に同図 (e) の②の領域の**負性抵抗**を示す範
囲があることから，マイクロ波発振素子として用いることができる．すなわち，
このような素子を共振回路や空洞共振器に接続することにより発振器を構成で
きる．

3 ガンダイオード

n 型の GaAs（ガリウムと砒素の化合物半導体）の結晶に電圧を印加すると，
ある値以上でマイクロ波周波数の電流振動が生ずることが J. B. Gunn により
発見され，**ガン効果**と名づけられた．ガン効果をもつデバイスを**ガンダイオー
ド**（Gunn diode）という．

GaAs 半導体のエネルギーバンド構造は，横軸に結晶中を伝搬する電子波の
波数 k を，縦軸に電子のエネルギー E をそれぞれとって描くと，**図 6·13** のよ
うに伝導帯には 2 つの谷がある．$k = 0$ の位置にあるエネルギーの低い方の谷
A に存在する電子は，**有効質量**[*1] が小さく，**移動度**[*2] は大きい．一方，谷 A

---

*1 **有効質量**：結晶中を動く電子の質量は真空中の静止質量と比べて軽くなったり重くなったり
する．
*2 **移動度**：結晶中の電子や正孔の移動のしやすさ．

より高いエネルギーの谷Bに存在する電子は有効質量が大きく，移動度は谷Aの電子の1/50である．結晶に電界 E_F をかける前は熱平衡状態であり，電子はすべてエネルギーの低い谷Aにある．ダイオードの動作は次のような順序で行われる．

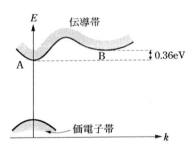

図6・13　GaAs結晶のエネルギー帯図

(1)　電界をかけると，低い電界でも，有効質量の小さい谷Aの電子は加速されて，電界とともに電子速度は増加する．そしてエネルギーの高い谷Bに移動し始める．谷Bでは電子の有効質量は重くなり移動度も小さいので，あまり動けなくなる．

(2)　この間，電界を高くすると，Aの電子が減少しBの電子が増加するので，平均の電子速度は低下する．

(3)　さらに高電界になると，電子はほとんどBに移り低い移動度となるが，電子速度は電界に応じてゆるやかに増加する．

　以上の状況をプロットすると**図6・14**となる．電子平均速度は電流に比例するから，②の領域で負性抵抗を示す．①と②の境界の電界は閾値電界 E_{Fth} であり，n型GaAsの場合約 $3.4\,\mathrm{kV/cm}$ である．この負性抵抗による発振の生成について，以下に説明する．

　図6・15に示すような電極を付けたn型GaAs結晶を考える．結晶の陰極近傍に不純物密度がわずかに低い部分（N⁻領域）が設けてある．この部分ではキャリア（n型では電子）が他の部分より少ないので電気伝導度が小さく，電界がわずかに高くなっている．印加電圧を上げていきN⁻領域の電界が E_{Fth} を超えると，ガン効果によりこの部分の電子速度はまわりより低くなる．この

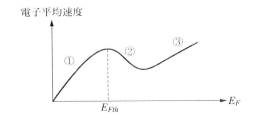

図 6·14 GaAs 結晶中の電子平均速度と印加電圧の関係

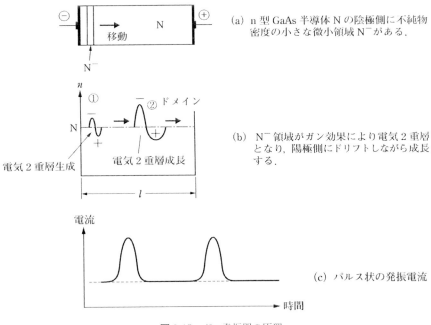

(a) n 型 GaAs 半導体 N の陰極側に不純物密度の小さな微小領域 N⁻がある.

(b) N⁻領域がガン効果により電気2重層となり, 陽極側にドリフトしながら成長する.

(c) パルス状の発振電流

図 6·15 ガン発振器の原理

ような状態で結晶中の電子は全体として右の方へドリフトしながら, 左側から電子が追いつき, この部分の電子密度は高くなる. 一方, その右側では電子速度は大きいからしだいに先へ進み, 電子の不足した正電荷の領域ができる (同図 (b) の①の部分). すなわち, 電子密度の高い負の領域と正電荷の領域が左右に隣り合った電気2重層が生成する. これを**ドメイン**と呼ぶ. 電気2重層による電界は外部からの印加電圧による電界に加わる向きであるから, ドメインの電子速度はガン効果によりますます小さくなる. こうしてドメインは印加電

圧によるドリフト速度で陽極側に移動しながら成長する．ドメイン内の電界が大きくなると，その部分の電位差は大きくなるが，両電極間の印加電圧は一定であるから，ドメイン以外の電位差は小さくなり電子速度を低下させる．その結果，ある位置でドメインとその他の部分の速度が等しくなり，やがてドメインは陽極に達し消滅する．その後は同図 (a) の状態に戻り，再び同じ過程を繰り返す．ドメインの消滅は同図 (c) のようなパルス状の電流として得られる．

パルス電流の周期 T は，結晶中のドリフト速度 v と電極間の距離 l によって決まる（$T=l/v$）．v はおよそ 10^7 cm/s であるから，例えば，$l=10\,\mu$m とすると，10 GHz のマイクロ波が得られる．同図 (c) の電流波形からわかるように，この電流は多くの高調波を含んでいるから，共振器内に設置して目的のマイクロ波を取り出す必要がある．

こうして得られた発振器は**ガン発振器**と呼ばれ，数 100 mW の出力が得られるので，広く用いられている．

④　インパットダイオード

インパットダイオード（impatt diode）は impact ionization avalanche transit time の頭文字から名づけられたダイオードである．半導体の pn 接合面に逆バイアス電圧を印加すると**電子なだれ現象**により多数のキャリアが発生する．インパットダイオードは，このキャリアの半導体中での走行時間を利用して負性抵抗をもたせた発振素子である．

インパットダイオードの原型は**リードダイオード**と呼ばれる素子であり，**図 6·16** (a) に示すような，n$^+$-p-i-p$^+$ ^{*1} 構造となっている．この素子に図示のような極性の電圧をかけると，n$^+$-p 接合部は逆バイアスとなるから，空乏層が広がり，接合部に電界が集中する．その状況を同図 (b) に示した．いま，この電界が電子なだれを発生する直前の値になるよう印加電圧が設定されていて，それに微小なマイクロ波電圧が重ねられたとしよう．この状況を同図 (c)

---

*1　p$^+$，n$^+$ の記号は半導体に混入する不純物の濃度が通常の濃度より高いことを示す．i は不純物を含まない真性半導体の領域を示す．

*2　**降伏電圧による電子なだれ現象**：pn 接合に加える逆バイアス電圧を大きくしていくと，空乏層に大きな電界が生じる．ある電圧（降伏電圧）を超えると電子や正孔が加速され大きなエネルギーを得て，結晶原子に衝突し，結晶原子から電子をたたき出す．このとき生じる電子や正孔が上と同じ過程を繰り返し，電子や正孔がなだれ的に増大する．

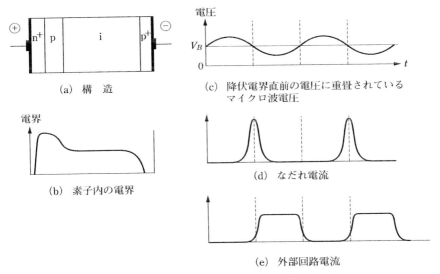

(a) 構　造

(c) 降伏電界直前の電圧に重畳されている
　　マイクロ波電圧

(b) 素子内の電界

(d) なだれ電流

(e) 外部回路電流

図 6·16 リードダイオードの構造と動作原理

に示す．マイクロ波電圧が正の期間では pn 接合の電圧が降伏電圧を超えるか
ら，なだれが発生し[*2]，負の期間ではなだれは停止する．なだれが生じるには
ある程度時間がかかるので，なだれによって生じた電流が i 層に注入されると
きの電流波形は，同図 (d) にあるように，マイクロ波電圧の位相の π（の奇数
倍）の位置に集中したパルス状となる．このパルス状の電流は i 層を陰極に向
かって走行し，この走行中に外部回路に電流が流れるから，外部回路には同図
(e) のように，矩形に近い電流が流れる．i 層の長さを適当に設定すれば，マ
イクロ波電圧の負の期間だけ流れる．その結果，負性抵抗特性が得られる．

　なだれ現象による負性抵抗は上記の 4 層構造でなくても，pn 接合のみでも
得られることがわかり，これがインパットダイオードと呼ばれる．インパット
ダイオードによる発振器はマイクロ波帯ではガン発振器より高い出力が得られ
ることから，ミリ波帯でも用いられる．

5　トランジスタ

　図 6·17 は npn 型の**バイポーラトランジスタ**の概念的な構造図を示している．
n 型，p 型，n 型の 3 層からできており，図の左側から順にエミッタ（E），ベー

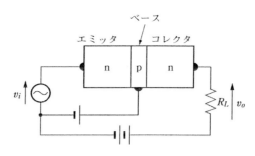

図 6·17　npn 型トランジスタの概念図

ス（B），コレクタ（C）と名づけられる．E–B 間には順方向のバイアス電圧，B–C 間には逆バイアス電圧が印加される．この状態で E–B 間に高周波信号を入力すると，C–E 間の負荷抵抗 R_L に大きな出力電圧 v_0 が得られ，増幅器として用いられる．

　通常は低周波用として用いられており，マイクロ波帯で用いるには，pn 接合部にできる空乏層を充電する時間や，キャリアの走行時間をマイクロ波の周期以下の十分小さい値にする必要がある．そのような技術の進展により，10 GHz 程度までの素子が得られている．

　図 6·18 は電界効果トランジスタ（field effect transistor：FET）の一種であるショットキーゲート MES-FET の断面構造図を示している．マイクロ波に

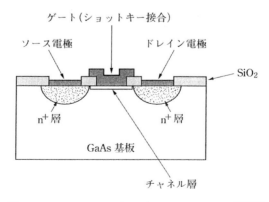

図 6·18　GaAs ショットキーゲート MES–FET の断面図

対応するため，半導体材料には Si（シリコン）に比べて電子移動度の大きい GaAs を用いている．ショットキーゲート MES-FET の特徴は，ゲート電極を従来の MOS-FET のように絶縁層を介して設けるのではなく，GaAs 層に直接接合させるショットキー接合として設けることにある．その上にゲート長をサブミクロンの長さにまで小さくするなどの技術の進歩により，10 GHz 以上のマイクロ波の増幅が可能となっている．

第6章　演習問題

1. 陽極径および陰極径がそれぞれ 10 mm および 4 mm で，陽極が 12 分割された π モー
ド動作マグネトロンの効率を 80％とするのに必要な最小磁界（磁束密度）と陽極電圧
を求めよ．ただし発振周波数は 2.45 GHz とする．

第**7**章

マイクロ波の放出

　前節で学んだようにいろいろな方法により発振・増幅されたマイクロ波を利用するためには，それを有効に空中に放出することが必要な場合が多い．特に無線通信に用いる場合は遠方まで発散しないように伝搬する技術が大切である．この章ではそのために必要なアンテナについて述べる．

(7·1)　電磁波発生の原理

　電磁波の存在が最初に実証されたのは，ヘルツ（H. R. Hertz）が火花放電により約 100 MHz の電磁波を発生させた 1888 年である．ヘルツは図 **7·1** にあるように，2 つの金属球の間に誘導コイルで高周波電界をかけ火花放電を発生させると，これに接近させて同じ向きに置いた導線で接続した同様な金属球対間にも火花放電が生じることから，左側の金属球間で発生した高周波電界が空中を伝搬し，右側の金属球間に電界を誘導させたと考えた．

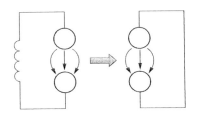

図 **7·1**　ヘルツの電波放射実験

　一方，マクスウェル（J. C. Maxwell）はその約20年前に，マクスウェルの
方程式から空間を伝搬する電磁波を予測していた．変動する電界が変動する磁
界を誘発し，磁界の変動が電界を誘発し，電界と磁界は互いに直角に交差しな
がら，電界の発生源から離れていくことが，マクスウェルの方程式から導かれ
る（**3・3**節参照）．

　ヘルツの実験では，一対の金属球に交互に＋と－の電荷が現れる．すなわち，
電荷が振動することが，電磁波の発生にとって基本となっている．電荷が振動
することは交流電流が流れることと同じであるから，アンペアあるいはビオ・
サバールの法則により，その電流のまわりに磁界ができ，電流の向きの変化に
応じて磁界の向きも変化する．磁界が変化するとファラデー・レンツの電磁誘
導の法則により，磁界を取り囲むように置かれた導線に起電力が発生する．こ
れは後にマクスウェルが拡張したように，導線がなくても空間に電界が発生し
ていることを示している．次に，電界の変化は電荷の振動と同じはたらきとみ
なされるので，磁界を誘導する．このようにして電磁波はその発生源から離れ
て空間を伝搬していく．その様子を**図7・2**に描いてある．

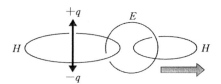

図7・2　電磁波の発生

　低周波の場合は LC 共振回路などによる電気的振動が，上で述べた電荷の振
動に相当する．マイクロ波のような高い周波数の場合は，第6章で述べたマイ
クロ波電子管や半導体素子による発振が電荷の振動に相当する．

　これらの発振器から発生した電磁波を空中に放出し，目的地に送出する装置
が**アンテナ**である．アンテナは逆に空中を伝搬してきた電磁波を受信するため
にも使用される．したがって，無線通信などのシステムでは欠かすことのでき
ない重要な装置である．マイクロ波帯の電磁波は光に近い性質をもっており，
直進性が良いこと，反射・屈折などに幾何光学理論が応用できることなどの特
徴がある．このような特徴をうまく利用して，マイクロ波アンテナは作られて

いる.

　以下，マイクロ波帯で用いられる主要なアンテナについて説明する.

7·2　ホーンアンテナ

　方形導波管からマイクロ波を空中に放出する場合，導波管から直接放出すると，導波管と自由空間のインピーダンス不整合により，かなりのマイクロ波が導波管内に反射されてしまい，十分に放出することができない．そこで，**図 7·3** にあるような，導波管の E 面，H 面をしだいに大きく，すなわち，開口面をテーパ状に大きくしたホーンアンテナを導波管につなぐことにより，自由空間との間の整合をかなり良くすることができる．

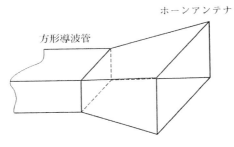

図 7·3　ホーンアンテナ

　実例として，導波管に WRJ-10（導波管の JIS 規格の名称，横幅 $\alpha = 22.9$ mm，高さ $b = 10.2$ mm，使用周波数帯域 8.2 ～ 12.4 GHz）と，長さ 130 mm（自由空間波長の約 4 倍）で開口面が 95 × 70 mm のホーンとの組合せでは，電圧反射係数がホーンを付けない導波管では 0.177 であったのに対し，ホーンを付けた場合は 0.05 であった．長さが 4 波長程度のホーンにより反射が顕著に低減することがわかる．

　ホーンの形は図 7·3 に示したように E 面，H 面の両方とも広げるもの以外に，E 面のみあるいは H 面のみを広げていくタイプもある．

　ホーンアンテナから放射されたマイクロ波は空中に広がりながら伝搬するから，放射器として用いられる．一例として，**図 7·4** にあるように，ホーンアンテナからの放射を反射鏡に当てて反射させ，目的の方向に伝搬させるための 1

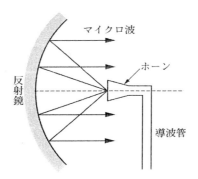

図7·4 ホーンアンテナを1次放射器として応用した例

次放射器としての用途がある.

7·3 パラボラアンテナ

　ビルの屋上や山の上の鉄塔に図7·4にあるお椀を縦にした形の反射鏡のアンテナをよく見かけるが，これがマイクロ波通信の送受信に用いられる**パラボラアンテナ**である．パラボラアンテナが設置されている場所は，全国津々浦々まで張り巡らされ，電話やテレビの伝送に必要なマイクロ波無線回線の中継所に

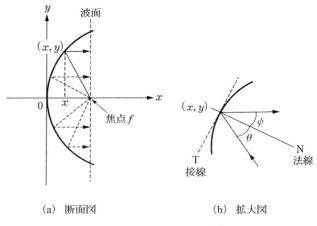

(a) 断面図　　　　　　　(b) 拡大図

図7·5 パラボラアンテナの原理

なっている．パラボラアンテナは図7·4に反射鏡として示したが，その原理を以下に述べる．

　図7·5に示すように，パラボラアンテナはその焦点から放射されたマイクロ波を反射し，x方向に平行に同じ位相で伝搬させる必要がある．座標を図7·5のようにとり，放射源の座標を$(f, 0)$とすると，パラボラ面上の任意の点で反射した波がx軸に垂直に立てた面までの光路長が一定となる必要がある．すなわち，垂線の位置を焦点にとると，次の式が成り立たなければならない．

$$\sqrt{(f-x)^2+y^2}+(f-x) = 2f \tag{7·1}$$

したがって，

$$y^2 = 4fx \tag{7·2}$$

この式は放物線を表しているから，パラボラアンテナの反射面は放物線をx軸のまわりに回転してできる面（放物面）である．したがって，放射源は放物面の焦点に位置すればよい．逆に受信の場合は，遠方から到来する平行なマイクロ波をパラボラ面で反射させて，焦点に置いた1次放射器により集光し，導波管などの線路により受信機へ送ることができる．したがって，中継所では同一のパラボラアンテナが送受に兼用される．

　パラボラアンテナが満たすべきもうひとつの条件は，反射の法則から放物面上の反射点で入射角と反射角が等しくなっていなければならない．放物面の場合，その焦点から放射は反射の法則を満たしていることは，次のように証明できる．

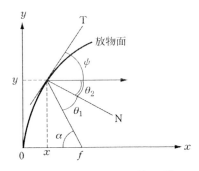

図7·6　パラボラ面での反射の詳細

　図7·6に示すように，パラボラ反射面の任意の点(x, y)における接線をT，

その勾配（x 軸となす角）を ϕ，法線を N，その勾配を θ_2 とする．θ_2 は放射の反射角に等しい．θ_1 は放射の入射角である．入射線の勾配を α とすると，

$$\alpha = \theta_1 + \theta_2$$

したがって，$\theta_1 = \theta_2$ であるためには $\alpha = 2\theta_1$（あるいは $2\theta_2$）であればよい．上の条件および式（7・2）より，

$$\tan \phi = \frac{dy}{dx} = \frac{2f}{y} = \sqrt{\frac{f}{x}}$$

$$\tan \theta_2 = \tan(90° - \phi) = \frac{1}{\tan \phi} = \sqrt{\frac{x}{f}}$$

$$\therefore \tan 2\theta_2 = \frac{2\tan \theta_2}{1 - \tan^2\theta_2} = \frac{2\sqrt{x/f}}{1 - x/f} = \frac{2\sqrt{fx}}{f - x}$$

一方，

$$\tan \alpha = \frac{y}{f - x} = \frac{2\sqrt{fx}}{f - x}$$

以上から $\alpha = 2\theta_2$ であることが証明された．

アンテナから放射されたマイクロ波電力は，アンテナの構造上の問題や光学的な原因により，遠方に達するまでには少しずつ広がって，単位面積当たりの電力は低下する．そこで，**アンテナ利得**が次のように定義される．

アンテナから放射された電力を P_0，距離 d 隔てた所での単位面積当たりの電力を P_d とする．いま，全方向に均一に放射する放射源があり，半径 d の球面において単位面積当たり電力が P_d となるには，その放射源の電力は $4\pi d^2 P_d$ でなければならない．これと実際に放射した電力 P_0 との比がアンテナ利得である．すなわち，アンテナ利得 G は，

$$G = 4\pi d^2 P_d / P_0 \tag{7・3}$$

式（7・3）右辺を $P_d/(P_0/4\pi d^2)$ と書き直してみるとわかるように，アンテナ利得とは，放射電力が全方向に均一に放射されたと仮定したときのある位置での単位面積当たりの電力に対する，実際にその位置を通過する単位面積当たりの電力の比である．

開口面積 A のパラボラアンテナについて利得を計算すると，マイクロ波の

波長を λ として，次の式が得られる．

$$G = 4\pi A/\lambda^2 \tag{7·4}$$

したがってパラボラアンテナの利得は，その開口半径とマイクロ波の波長の比の 2 乗に比例することがわかる．

　なお，パラボラアンテナを図 7·4 のように使用した場合，1 次放射器が電波の進路中にあり多少妨害となるので，それを避けるため**図 7·7** のようにパラボラアンテナの上半分のみを切り取り，さらに左右の幅を切り詰めた形のアンテナがある．これは**ホーンリフレクタアンテナ**と呼ばれ，マイクロ波通信の中継所に多く用いられている．

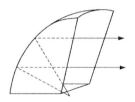

図 7·7　ホーンリフレクタアンテナ

　宇宙から到来する微弱な電波を受信する天体観測用には，直径数 10 m の巨大なアンテナが用いられている．八ヶ岳山麓の野辺山宇宙電波観測所では，直径 45 m のパラボラアンテナが見られる．

　宇宙に存在する物質はその活動の結果，光のほかに電波を放射している．このような宇宙から地球に到来する微弱な電波を電波望遠鏡により観測することで，星の誕生や死など宇宙の活動，さらには宇宙の構造までが明らかになりつつある．特に 150 億年前のビッグバンにより宇宙が生まれたとされるが，この解明には電波天文学に負うところが大きい．

　図 7·8 に示す野辺山観測所の 45 m パラボラアンテナは，鏡面精度 60 μm 以下に作られた，10 ～ 160 GHz のマイクロ波からミリ波にわたる広い範囲の宇宙電波を観測できる世界最高レベルの電波望遠鏡であり，電波天文学に大きな功績を果たしている．

図 7・8　野辺山宇宙電波観測所の 45 m パラボラアンテナ

第 7 章　演 習 問 題

1.　方形導波管に接続するホーンアンテナの長さが長くなり，H 面幅（導波管の a に相当する）がマイクロ波の自由空間波長に比べて十分大きくなると，マイクロ波は自由空間における平面波に近い波になっていることを，**4·5** 節 **4** で与えた関係を用いて説明せよ.

マイクロ波の応用

第**8**章

マイクロ波は通信やレーダなどに用いられていることはよく知られているが，ここではその他の用途のなかで，ひとつは身近にも利用されている加熱と，もうひとつは人類が抱えているエネルギー問題に関して，宇宙からエネルギーを輸送しようという遠大な計画について述べる．

8・1　加　熱

家庭で用いられている電子レンジは，マイクロ波を食品に当てると，食品に含まれている水分の分子がマイクロ波の電界の振動に応じて激しく振動し，発熱する現象を利用している．このマイクロ波の発生に第6章で述べたマグネトロンが使われている．

誘電体と呼ばれる物質は絶縁体であるが，外部から電界を加えると，その物質を構成している分子が電界の向きに**分極**する（各分子に＋，－の極性を生じる．このことを**誘電分極**という）．あるいは分子がもともと分極しているものもある．例えば，水分子 H_2O では電子が酸素原子の方に偏って分布しているため，電気双極子になっている．このような分子は印加電界の極性の変化に応じて回転するが，マイクロ波のように速い周期で電界の極性が逆転する場合は誘電体分子は他の原子や分子との摩擦により回転に遅れを生じる．この摩擦により熱が発生するが，回転の遅れがある範囲で大きいほど発熱も大きくなる

（ただし，遅れ時間がマイクロ波電界の変化より大きい場合は分子は回転できなくなる）．以下，この現象をもう少し詳しく調べよう．

　誘電率 ε の誘電体に電界 E が存在した場合，電束密度 D が次の式により表されることは，**3・1** 節（式（3・3））で示した（**図8・1**）．

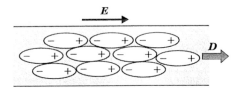

図8・1　印加電界による誘電体中の電束と誘電体分子の分極

$$D = \varepsilon E \tag{8・1}$$

　電束密度 D は印加された電界 E によって媒質の分極が向きをそろえる結果現れるものであるから，電界の極性変化が速い場合は D の変化は E の変化から遅れる．マイクロ波の角周波数を ω，電界 E の振幅を E_0 とすると，

$$E = E_0 e^{j\omega t} \tag{8・2}$$

D の遅れを位相 δ で表すと，

$$D = D_0 e^{j(\omega t - \delta)} \tag{8・3}$$

　電磁気学によると，D の時間微分が誘電体中の変位電流であり，一般の導電電流と同等の扱いができる（式（3・2）参照）．変位電流を J_D とすると，

$$J_D = \frac{dD}{dt} = j\omega D_0 e^{j(\omega t - \delta)} \tag{8・4}$$

J_D と E の各実数部の積の平均値が誘電体単位体積当たりの発生電力，すなわち損失 P_L である．

$$
\begin{aligned}
P_L &= \frac{1}{T}\int_0^T \mathrm{Re}(E)\cdot\mathrm{Re}(J_D)\,dt = -\frac{1}{T}\int_0^T E_0\cos\omega t\cdot\omega D_0\sin(\omega t - \delta)\,dt \\[2mm]
&= -\frac{\omega D_0 E_0}{2T}\int_0^T [\sin(2\omega t - \delta) - \sin\delta]\,dt \\[2mm]
&= \frac{\omega E_0 D_0 \sin\delta}{2} \quad [\mathrm{W/m^3}]
\end{aligned}
\tag{8・5}
$$

一方，D と E の比をとると，それは式（8・1）から誘電率であるから，

$$\varepsilon = \frac{D}{E} = \frac{D_0}{E_0} e^{-j\delta} = \frac{D_0}{E_0} (\cos\delta - j\sin\delta) \tag{8·6}$$

このように D と E に位相差があると ε は複素数となる. 式 (8·6) を,

$$\varepsilon = \varepsilon' - j\varepsilon'' \tag{8·7}$$

と書き表すと,

$$\left. \begin{array}{l} \varepsilon' = \dfrac{D_0}{E_0} \cos\delta \\[3mm] \varepsilon'' = \dfrac{D_0}{E_0} \sin\delta \\[3mm] \varepsilon'' = \varepsilon' \tan\delta \end{array} \right\} \tag{8·8}$$

式 (8·8) 第 2 式を用いて式 (8·5) 右辺を書き直すと,

$$P_L = \frac{\omega \varepsilon'' E_0{}^2}{2} \tag{8·9}$$

すなわち, **誘電 (体) 損失は複素誘電率の虚数部に比例している**. したがっ
て, 式 (8·8) の第 3 式より, 損失は $\tan\delta$ に比例し, δ を**誘電損失角**と呼ぶ.
なお, $\delta = 0$ のときは $\varepsilon = \varepsilon'$ であるから, ε' のことをその媒質の誘電率とい
う.

マイクロ波デバイスの設計でストリップ線路などの基板として用いる誘電体
では, $\tan\delta$ (**誘電正接**あるいは**タンデルタ**と呼ぶ) は小さい方がよい.

マイクロ波加熱は熱伝導によらず物体内部を直接加熱できること, エネルギー
効率が良いこと, 加熱装置を小型に設計できることなどから, 物体の性質の変
化, 溶融, 乾燥など様々な工業分野のほか, 医療分野でも利用されている. ま
た, 岩やコンクリートに大電力のマイクロ波を照射することにより, これらの
物体の内部に含まれている水分を急激に加熱膨張させ, 物体を破砕することが
できる.

電磁波は利用分野ごとに使用できる周波数帯域が電波法により割り当てられ
ている. 通信・情報伝送以外に用いられる電波は **ISM** (Industrial, Scientific
and Medical) **周波数帯**と呼ばれ, わが国では (2450 ± 50) MHz および (5800 ± 75) MHz の 2 つの帯域が割り当てられている.

8·2 マイクロ波による電力輸送

　通常，エネルギーとして用いる電力は電線を通して輸送するが，電力をマイクロ波により無線伝送しようという研究が行われている．特に，宇宙空間で太陽光発電を行い，これをマイクロ波に変換して地上に伝送し，地上で直流電力に変換し電力として利用するという壮大な計画がある．**SSPS**（Satellite Solar Power Station）と呼ばれ，アメリカから発表された計画では，**図 8·2** に示すように，地球から 36,000 km の静止軌道に，面積約 6 km × 20 km の巨大な太陽電池パネルを浮かべて，約 1 万 MW（～ 10^{10} W）の電力を発電し，2.45 GHz あるいは 5.8 GHz のマイクロ波に変換し地上に送電する計画である．なお，電力の一部は図示のように，他の衛星にも伝送可能である．

　地上での受信には約 10 km × 13 km の広大なアンテナが用いられる．受信アンテナは**図 8·3** にある**レクテナ**と呼ばれるダイポールアンテナとダイオードを組み合わせた素子を多数平面状に並べて，各素子で受信・検波された信号を

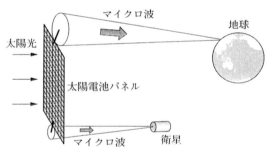

図 8·2　SSPS の概念図

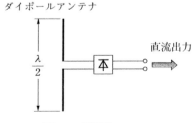

図 8·3　受信用レクテナ

位相を合わせて合成し，出力するアンテナである．衛星上で太陽電池により得られた直流電力をマイクロ波に変換するデバイスとしては，変換効率の高い素子が必要であり，第6章で述べたマグネトロンが有望である．マグネトロンは何kWもの高出力で75%以上の効率が容易に得られる．しかし，固体素子の高出力化，高効率化も進展しており，今後の展開が期待される．いずれにしても，そのような発振素子を多数並べて，位相を合わせて合成し送信することになる．

SSPS計画は日本でも研究が進められており，送受電に用いられるアクティブ素子の高効率，高信頼，長寿命化，さらには航空機等への影響の問題など，今後の研究成果に負うところが多い．

付　　録

（1）　方形導波管の名称と寸法

付表 1　方形導波管の名称と寸法

名　称	周波数 (GHz)	寸　法 (mm)	
		内径 $a \times b$	外形 $A \times B$
WRJ-4	3.3 ～ 4.9	58.1 ×29.1	63.1 ×32.3
WRJ-6	4.9 ～ 7.05	40.0 ×20.0	43.2 ×23.2
WRJ-7	5.85～ 8.20	34.84×15.85	38.05×19.05
WRJ-9	7.05～ 10.0	28.5 ×12.6	31.7 ×15.8
WRJ-10	8.20～ 12.4	22.9 ×10.2	25.4 ×12.7
WRJ-12	10 ～ 15	19.00× 9.50	21.60×12.10
WRJ-15	12 ～ 18	15.80× 7.90	17.80× 9.90
WRJ-18	15 ～ 22	13.00× 6.50	15.00× 8.50
WRJ-24	18 ～ 27	10.70× 4.30	12.70× 6.30
WRJ-27	22 ～ 33	8.60× 4.30	10.60× 6.30
WRJ-34	26 ～ 40	7.10× 3.55	9.10× 5.55
WRJ-40	33 ～ 50	5.70× 2.85	7.70× 4.85
WRJ-50	40 ～ 60	4.78× 2.39	6.78× 4.39
WRJ-60	50 ～ 75	3.76× 1.88	5.76× 3.88
WRJ-75	60 ～ 90	3.10× 1.55	5.10× 3.55
WRJ-95	75 ～110	2.54× 1.27	4.54× 3.27

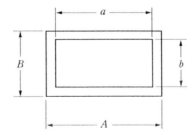

(2)　ギリシャ文字

付表 2　ギリシャ文字

大文字	小文字	読	み
A	α	alpha	アルファ
B	β	beta	ベータ
Γ	γ	gamma	ガンマ
Δ	δ	delta	デルタ
E	ε	epsilon	イプシロン
Z	ζ	zeta	ジータ（ツェータ）
H	η	eta	イータ
Θ	θ	theta	シータ（テータ）
I	ι	iota	イオタ
K	κ	kappa	カッパ
Λ	λ	lambda	ラムダ
M	μ	mu	ミュー
N	ν	nu	ニュー
Ξ	ξ	xi	グザイ
O	o	omicron	オミクロン
Π	π	pai	パイ
P	ρ	rho	ロー
Σ	σ	sigma	シグマ
T	τ	tau	タウ
Υ	υ	upsilon	ウプシロン
Φ	$\phi\,(\varphi)$	phi	ファイ
X	χ	chi(khi)	カイ
Ψ	ϕ	psi	プサイ
Ω	ω	omega	オメガ

(3)　物理定数表

名称	記号	数　値
光速（真空中）	c	2.998×10^{8} m/s
電子の電荷（絶対値）	e	1.602×10^{-19} C
電子の質量（静止）	m	9.109×10^{-31} kg
真空の誘電率	ε_0	8.854×10^{-12} F/m
真空の透磁率	μ_0	$4\pi\times10^{-7}$ H/m

(4)　式 (4·9) の導出

付図　2 導体線路の断面

　2 導体間の電位差を V とし，導体単位長さ当たりの電荷および容量を Q および C とすると，容量の定義より，

$$Q = CV \tag{A1}$$

　一方，導体表面での外法線方向の電界を E_n とすると，ガウスの定理式 (3·10) より，

$$Q = \oint_l \varepsilon E_n dl \tag{A2}$$

ただし，積分記号 $\oint_l$ は導体断面周辺での周回積分を表す．

　次に，各導体を流れる電流を I（2 導体で符号が異なる）とし，導体表面周辺に沿った磁界の接線成分を H_t とすると（電界 E_n に直角になる），式 (3·2) の両辺を導体断面で積分することにより次のアンペアの法則が得られる．

$$I = \oint_l H_t dl \tag{A3}$$

　ここで，式 (3·36) で与えられる電波インピーダンス Z_w を用いると（いまの場合 $\sigma = 0$ である），$E_n = Z_w H_t$ であるから，式 (A2) を用いると式 (A3) は，

$$I = \frac{1}{Z_w} \oint_l E_n dl = \frac{Q}{\varepsilon Z_w} = \frac{Q}{\sqrt{\varepsilon \mu}} \tag{A4}$$

となる．したがって，2 導体からなる線路の特性インピーダンス Z_c は式 (A1)，(A4) より，

$$Z_c = \frac{V}{I} = \frac{\sqrt{\varepsilon \mu}}{C} \tag{A5}$$

となる．

演習問題 解答

■第 2 章解答

1.

   (a) $Z_{\mathrm{in}} = Z_0 = 50\,\Omega,\ \Gamma(l) = 0$

   (b) $\beta l = \dfrac{2\pi}{\lambda}\dfrac{\lambda}{4} = \dfrac{\pi}{2}\quad \therefore Z_{\mathrm{in}} = jZ_0 \tan\beta l = \infty,\ \Gamma(l) = -1$

   (c) $Z_{\mathrm{in}} = Z_0(0/j) = 0,\ \Gamma(l) = 1$

   (d) $Z_{\mathrm{in}} = Z_{01}^2/Z_{02} = 33.3\,\Omega,\ \Gamma_A = (75-50)/(75+50) = 0.2$

2.

   (1) $Z_{23} = Z_{03}$

   (2) $Z_{12} = Z_{02}^2/Z_{03}$

   (3) $Z_{01} = Z_{12} = Z_{02}^2/Z_{03}\quad \therefore Z_{02} = \sqrt{Z_{01}Z_{03}}$

3. Z_L を正規化して $z_l = (20+j15)/50 = 0.4+j0.3$. z_l をスミスチャート上に求めると,図解 2・3 の点 A となる.点 A の原点に対する対称な点 B が負荷のアドミタンス $y_l = 1.6 - j1.2$ を与える(z_l の逆数の計算からも容易に求まる).y_l を同じ $\Gamma(z)$ 円(原点を中心とする円)上で電源側へ(右回り)移動させ,$r = 1$ の円との交点を C とすると,この位置で正規化アドミタンス y_C の実数部(コンダクタンス)$g = 1$ となる.点 C のアドミタンスは $y_C = 1 - j1.12$ を与える.その線路上の位置 l は次のようにして求める.原点と B および C を結ぶ各直線と $|\Gamma(z)| = 1$ の円との交点の波数値を読み取ると,それぞれ 0.306 および 0.336 である.その差 0.030 が l/λ_g を与える.$\lambda_g = c/f = 30\,\mathrm{cm}$($c$ は光速 $3\times10^{10}\,\mathrm{cm}$,$f$ は周波数 $1\,\mathrm{GHz} = 10^9\,\mathrm{Hz}$)であるから,$l = 0.9\,\mathrm{cm}$ が得られる.

  次に,スタブの一端は短絡であるからその点のインピーダンスは 0(u 軸の左端)であり,アドミタンスは u 軸の右端,点 D で示される.スタブの他端から見たアドミタンスを $y_x = j1.12$ とするために,点 D から電源側へ $b = 1.12$ まで回転すると,$x/\lambda_g = 0.385$ が得られる.したがって $x = 11.55\,\mathrm{cm}$ となる.

  なお,スタブを接続する位置が負荷から 0.9 cm では構造的に負荷に近すぎて接続が困難であれば,半波長 15 cm を加えて 15.9 cm の位置にすればよい(図 2・14 参照).

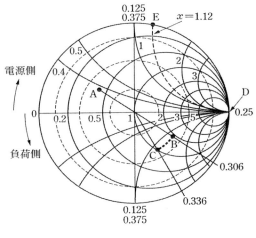

図解 2·3

■第 3 章解答

1. 媒質 1 における電磁波の電界と磁界は式 (3·34)，(3·35) より E_{xf} および E_{xr} をそれぞれ A および B とおきかえて，

$$E_x(z) = Ae^{-\gamma z} + Be^{\gamma z}, \ H_y(z) = \frac{1}{Z_{w1}}(Ae^{-\gamma z} - Be^{\gamma z})$$

媒質 1 における反射係数は，入射波および反射波電界をそれぞれ $E_{ix}(z)$ および $E_{rx}(z)$ とおいて，

$$\Gamma(Z) = \frac{E_{rx}}{E_{ix}} = \frac{B}{A}e^{2\gamma x}$$

媒質 2 においては反射波は存在しないから，

$$E_{tx}(z) = A'e^{-\gamma z}, \ H_{ty}(z) = \frac{1}{Z_{w2}}A'e^{-\gamma z}$$

題意より境界面は z 軸に垂直であるから，境界面の位置を $z = 0$ にとると，

$$E_{ix}(0) = A, \ E_{rx}(0) = B, \ H_{iy}(0) = \frac{A}{Z_{w1}}, \ H_{ry}(0) = -\frac{B}{Z_{w1}}$$

境界面において境界条件 $E_{ix}(0) + E_{rx}(0) = E_{tx}(0)$, $H_{iy}(0) + H_{ry}(0) = H_{ty}(0)$ を考慮すると，

$$A + B = A', \ (A - B)/Z_{w1} = A'/Z_{w2}$$

この 2 式より，

$$A + B = \frac{Z_{w2}}{Z_{w1}}(A - B)$$

したがって，境界面 $z = 0$ において，

$$\Gamma(0) = \frac{B}{A} = \frac{Z_{w2} - Z_{w1}}{Z_{w2} + Z_{w1}}$$

が得られる．伝送線路に関する式 (2・27) と比較すると，特性インピーダンス Z_{w1} の線路にインピーダンス Z_{w2} の負荷が接続されているときの電圧反射係数に相当している．

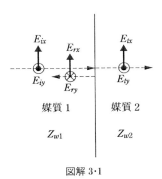

図解 3・1

2.

(1) 交流理論による電力算出

銅の表面を x‐y 面にとり，厚み方向を z 軸とする．銅の中に微小体積 $dxdydz$ をとり，そのなかの消費電力 dW を考える．電磁波の電界は E_x 方向とすると電流も x 方向に流れ，dx における電圧は $-E_x dx$，電流は $-\sigma E_x dy$ である．単位体積当たりの電力を w とすると（電圧，電流，電界などの振幅は全て実効値とする），

$$dW = \mathrm{Re}(V \cdot \bar{I}) = wdxdydz = \mathrm{Re}[(-E_x dx) \cdot \overline{(-\sigma E_x dy)}dz]$$
$$= \mathrm{Re}[\sigma E_x \bar{E_x}]dxdydz = \sigma|E_x|^2 dxdydz$$

銅のなかに浸入した電磁波電界は $E_x = E_{x0}e^{-(\alpha+j\beta)z}$ で進行する．ここで式 (3・70) から $\alpha = \sqrt{\omega\mu\sigma/2}$ である．銅の単位表面積に立てた柱における電力は，

$$W = \int_0^d wdz = \int_0^d \sigma|E_{x0}|^2 e^{-2\alpha z}dz = \frac{\sigma}{2\alpha}|E_{x0}|^2(1 - e^{-2\alpha d})$$

$$W = \sqrt{\frac{\sigma}{2\omega\mu}}|E_{x0}|^2 = \sqrt{\frac{\omega\mu}{2\sigma}}|H_{y0}|^2 \quad (d \to \infty)$$

銅の厚さ d が十分大きいときは $e^{-2\alpha d} \to 0$ であるから式 (3・73) と同じになる．

(2) ポインティングベクトルによる電力算出

銅表面における電磁界振幅の実効値を E_{x0}, H_{y0} とすると，銅に浸入する電磁波電

力は式 (3・75) より，

$$W_t = \mathrm{Re}(E \times \overline{H}) = \mathrm{Re}(E_{x0} \times \frac{\overline{E_{x0}}}{Z_w}) = \mathrm{Re}(\frac{|E_{x0}|^2}{Z_w})$$

$$= \sqrt{\frac{\sigma}{2\omega\mu}} \, |E_{x0}|^2$$

ここで式 (3・36) より，導体中では σ は非常に大きいから，

$$\frac{1}{Z_w} = \sqrt{\frac{\sigma + j\omega\varepsilon}{j\omega\mu}} = \sqrt{\frac{\sigma}{j\omega\mu}} \sqrt{1 + j\omega\varepsilon/\sigma} \cong \frac{1-j}{\sqrt{2}} \sqrt{\frac{\sigma}{\omega\mu}}$$

となり，この関係を用いて，$\mathrm{Re}(1/\overline{Z_w}) = \sqrt{\sigma/2\omega\mu}$.

3. 式 (3・73) に指定の数値を代入すればよい．$W = 0.958 \times 10^{-5}$ 　〔W/m²〕

■第 4 章解答

1. 同軸線路の単位長さ当たりの内導体表面の電荷を $+Q$ とすると，外導体表面の電荷は $-Q$ となる．内外導体間での中心から r の位置の電界（半径方向成分しかない）E_r は，内外導体の半径を a および b，導体間の媒質の誘電率を ε とすると，

$$E_r = Q/2\pi\varepsilon r \quad (a < r < b)$$

したがって，内外導体間の電位差は，

$$V = -\int_b^a E_r dr = \frac{Q}{2\pi\varepsilon} \ln \frac{b}{a}$$

単位長さ当たりの静電容量は，

$$C = Q/V = 2\pi\varepsilon / \ln \frac{b}{a}$$

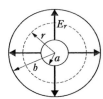

図解 4・2

2. 損失のある伝送線路の場合，伝搬定数 γ は式 (4・3) より，

$\gamma = \sqrt{k^2 - \omega^2\varepsilon\mu + j\omega\mu\sigma}$ であるが，同軸線路の基本モードは TEM であるから，固有値 $k = 0$ とおいて，

$$\gamma = \sqrt{-\omega^2\varepsilon\mu + j\omega\mu\sigma} = j\omega\sqrt{\varepsilon\mu}\sqrt{1 - j\sigma/\omega\varepsilon} \cong j\omega\sqrt{\varepsilon\mu}(1 - j\sigma/2\omega\varepsilon)$$

$$= \frac{\sigma}{2}\sqrt{\frac{\mu}{\varepsilon}} + j\omega\sqrt{\varepsilon\mu} \quad \therefore \alpha = \frac{\sigma}{2}\sqrt{\frac{\mu}{\varepsilon}}, \, \beta = \omega\sqrt{\varepsilon\mu}$$

3. WRJ-12 における TE₁₀ モードのカットオフ周波数は式 (4・26) より，

$$f_c = c/2a = (3 \times 10^8)/(2 \times 19 \times 10^{-3}) = 7.89 \times 10^9 \, \mathrm{Hz}$$

この導波管における TE₁₀ モードの次に高いカットオフ周波数をもつ TE₂₀ モードのカットオフ周波数は，

$$f_c' = c/a = 15.79 \times 10^9 \,\text{Hz}$$

したがって，答えは $7.89\,\text{GHz} \sim 15.79\,\text{GHz}$

4. TE モードであるから $E_z = 0$ を式 (3·27) に適用すると，$\sigma = 0$，$\dfrac{\partial}{\partial z} = -\gamma$ とおいて，

$$\left.\begin{aligned}
&\gamma E_y = -j\omega\mu H_x \\
&\gamma E_x = j\omega\mu H_y \\
&\frac{\partial E_y}{\partial x} - \frac{\partial E_x}{\partial y} = -j\omega\mu H_z \\
&\frac{\partial H_z}{\partial y} + \gamma H_y = j\omega\varepsilon E_x \\
&\gamma H_x + \frac{\partial H_z}{\partial x} = -j\omega\varepsilon E_y \\
&\frac{\partial H_y}{\partial x} = \frac{\partial H_x}{\partial y}
\end{aligned}\right\} \tag{1}$$

この式に境界条件を適用して，

$$x = 0,\ a \text{ で } E_y = 0 \text{ より } H_x = 0,\ \frac{\partial H_z}{\partial x} = 0 \ (x = 0,\ a)$$

$$y = 0,\ b \text{ で } E_x = 0 \text{ より } H_y = 0,\ \frac{\partial H_z}{\partial y} = 0 \ (y = 0,\ b)$$

ここで，式 (4·2) の形から H_z は x のみの関数 $f_x(x)$ および y のみの関数 $f_y(y)$ の積で与えられると仮定してみる．すなわち $H_z = f_x(x)f_y(y)$ とおく．これを式 (4·2) に代入して整理すると，

$$\frac{1}{f_x}\frac{\partial^2 f_x(x)}{\partial x^2} + \frac{1}{f_y}\frac{\partial^2 f_y(y)}{\partial y^2} = -k^2$$

この式の左辺は x のみ，および y のみの関数の和となっているから，和が定数となるにはそれぞれの項が定数でなければならない．すなわち k_x，k_y を定数とすると，

$$\frac{\partial^2 f_x(x)}{\partial x^2} = -f_x(x)k_x{}^2,\ \frac{\partial^2 f_y(y)}{\partial y^2} = -f_y(y)k_y{}^2,\ k_x{}^2 + k_y{}^2 = k^2$$

したがって $f_x(x)$ および $f_y(y)$ の解は次のように与えられる．

$$f_x(x) = a\cos k_x x + b\sin k_x x$$

$$f_y(y) = c\cos k_y y + d\sin k_y y$$

これに境界条件を適用する．まず $x=0$，$y=0$ について，

$$x = 0 :$$

$$\frac{\partial H_z}{\partial x} = \frac{\partial f_x(x)}{\partial x}f_y(y) = (-ak_x\sin k_x x + bk_x\cos k_x x)f_y(y) = bk_x f_y(y) = 0$$

$$\therefore b = 0$$

$y = 0$:

$$\frac{\partial H_z}{\partial y} = f_x(x)\frac{\partial f_y(y)}{\partial y} = f_x(x)\,(-ck_y\sin k_y y + dk_y\cos k_y y) = dk_y f_x(x) = 0$$

$$\therefore d = 0$$

したがって H_z は次の式となる．

$$H_z = ac\cos k_x x\cos k_y y$$

これに $x=a$, $y=b$ における境界条件を適用すると，

$$x = a : \frac{\partial H_z}{\partial x} = -ack_x\sin k_x a\cos k_y y = 0 \quad \therefore k_x a = m\pi \ (m = 0, 1, 2, \cdots\cdots)$$

$$y = b : \frac{\partial H_z}{\partial y} = -ack_y\cos k_x x\sin k_y b = 0 \quad \therefore k_y b = n\pi \ (n = 0, 1, 2, \cdots\cdots)$$

したがって，

$$H_z = H_{mn}\cos\frac{m\pi}{a}x\cos\frac{n\pi}{b}y \quad (H_{mn} = ac) \tag{2}$$

$$k^2 = \left(\frac{m\pi}{a}\right)^2 + \left(\frac{n\pi}{b}\right)^2$$

なお，その他の成分については，式 (1) を H_z について整理しておき，

$$\frac{\partial H_z}{\partial x} = -\frac{jk^2}{\omega\mu}E_y, \quad \frac{\partial H_z}{\partial y} = j\frac{\gamma^2 + \omega^2\varepsilon\mu}{\omega\mu}E_x$$

式 (2) を代入すると E_x, E_y が求まり，これらを用いてその他の成分も求まる．

5. TE$_{10}$ モードの電磁界について，ポインティングベクトルのモード伝搬方向 (z 方向) の成分を求める．式 (3・75) より，伝搬方向に直角な単位面積当たりの電力は，

$$W = \mathrm{Re}\big[(\boldsymbol{E}\times\overline{\boldsymbol{H}})_{z\,成分}\big]$$
$$\boldsymbol{E}\times\overline{\boldsymbol{H}} = \boldsymbol{i}\,(E_y\overline{H_z} - E_z\overline{H_y}) + \boldsymbol{j}\,(E_z\overline{H_x} - E_x\overline{H_z}) + \boldsymbol{k}\,(E_x\overline{H_y} - E_y\overline{H_x})$$

ここで $\boldsymbol{i}$, $\boldsymbol{j}$, $\boldsymbol{k}$ はそれぞれ x, y, z 方向の単位ベクトル．

$$\therefore \quad W = \mathrm{Re}(E_x\overline{H_y} - E_y\overline{H_x})$$

これに式 (4・21) の各式を代入すると，$\gamma = j\beta$ とおいて，

$$W = \frac{1}{2}\mathrm{Re}\Big[j\omega\mu\frac{a}{\pi}H_{10}\sin\frac{\pi}{a}x\cdot\Big(-j\beta\frac{a}{\pi}H_{10}\sin\frac{\pi}{a}x\Big)\Big]$$
$$= \frac{1}{2}\omega\mu\beta\Big(\frac{a}{\pi}\Big)^2 H_{10}{}^2\sin^2\Big(\frac{\pi}{a}x\Big)$$

(H_{10} は振幅であるから $1/\sqrt{2}$ 倍することに注意)

導波管の伝搬電力 P は W を導波管の断面積で積分したもの．

$$P = \int_0^a \int_0^b W dy dx = \frac{1}{2} \omega\mu\beta \left(\frac{a}{\pi}\right)^2 H_{10}^2 \int\int \frac{1 - \cos(\frac{2\pi}{a}x)}{2} dy dx = \frac{1}{4}\omega\mu\beta\left(\frac{a}{\pi}\right)^2 H_{10}^2 ab$$

式 (4・36) 右辺は式 (4・21) 第 3 式を用いて求まる.

■第 5 章解答

1. 式 (5・3) に指定の数値を代入する.

$$30 = 8.69 \frac{\pi}{11.45} \Delta z \sqrt{1 - \left(\frac{22.9}{30}\right)^2} = 1.54 \Delta z, \quad \text{したがって} \quad \Delta z = 19.5 \text{ mm}$$

2. 図解 5・2 のように構成すれば, 4 ポートサーキュレータとなり, ①→②, ②→③, ③→④, ④→① のように出力される.

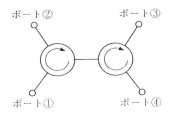

ポート②   ポート③

ポート①   ポート④

図解 5・2

3. 磁界が完全な円偏波となるのは磁界 H_z と H_x が等しくなる位置である. 式 (4・21) の H_z と H_x を絶対値を等しくおくことにより ($\gamma = j\beta$),

$$\tan \frac{\pi}{a}x = \frac{\pi}{\beta a} = \frac{\lambda_g}{2a}, \quad (\beta = \frac{2\pi}{\lambda_g}) \qquad \therefore \ x = \frac{a}{\pi}\tan^{-1}\frac{\lambda_g}{2a}$$

WRJ-10 では $a = 22.9$ mm. λ_g は式 (4・30) の v_P から, $\lambda_g = v_P/f = 39.7$ mm と求まる.

この値を上の式に入れると, $x = 5.2$ mm と計算される. すなわち, 導波管の左右の E 面の内側それぞれ 5.2 mm の位置に磁界の完全な円偏波が生じる.

4. TE_{10} モードについて H 面を z 方向に流れる電流は H 面上の磁界 $|H_x|$ を幅 a にわたって積分することにより求まる (導体表面の電流は面に接する高周波磁界に直角に流れる). すなわち, 式 (4・21) 第 4 式より,

$$I = \int_0^a |H_x| dx = \int_0^a \left| \frac{j\beta a}{\pi} H_{10} \sin \frac{\pi}{a}x \right| dx = 2\beta \left(\frac{a}{\pi}\right)^2 H_{10}$$

H 面中央の電圧は式 (4・21) 第 3 式において $x = a/2$ とすれば $E_y = -j\frac{\omega\mu a}{\pi}H_{10}$ とな

るから,

$$V = \int_0^b |E_y|\,dy = \frac{\omega\mu ab}{\pi} H_{10}$$

したがって,

$$Z = \frac{V}{I} = \frac{\omega\mu b}{2\beta}\frac{\pi}{a} = \frac{\pi}{2} v_p\mu \frac{b}{a} = \frac{\mu\pi}{2}\frac{b}{a}\frac{c}{\sqrt{1-(\lambda/\lambda_c)^2}}$$

$$= 592\,\frac{b}{a}\frac{1}{\sqrt{1-(\lambda/\lambda_c)^2}},\ (\mu = 4\pi\times10^{-7})$$

いま, 10 GHz で導波管 WRJ-10 について求めると, 付表 1 より $b/a = 0.445$, $\lambda = 30$ mm, $\lambda_c = 2a = 45.8$ mm であるから, $Z = 397\,\Omega$ となる.

■第 6 章解答

1. 式 (6・13) に目的とする効率と指定の数値を与えて, 必要な最少磁束密度を求める. ただし, 電子の電荷および質量は $e = 1.602\times10^{-19}$ C, $m = 9.11\times10^{-31}$ kg. また, π モードのときの陽極に乗るマイクロ波の波数 $n = N/2 = 6$ である.

$$0.8 = 1 - \frac{7/3}{\dfrac{6\times1.602\times10^{-19}}{2\pi\times2.45\times10^9\times9.11\times10^{-31}}B - 1} = 1 - \frac{2.333}{68.541B - 1}$$

$$\therefore B = 0.185\ \text{T}$$

この b の値を式 (6・12) に代入すると, 必要な陽極電圧の最小値が次のように求まる.

$$V_P = \frac{2\pi\times2.45\times10^9\times(5^2-2^2)\times10^{-6}}{12}\left(B - \frac{1}{68.541}\right) = 4591\ \text{V}$$

■第 7 章解答

1. 式 (4・30) より, ホーンアンテナ内の管内波長 λ_g は, a' をホーンアンテナの H 面幅, λ を自由空間における波長として,

$$\lambda_g = \frac{v_P}{f} = \frac{c/f}{\sqrt{1-\left(\dfrac{\omega_c}{\omega}\right)^2}} = \frac{\lambda}{\sqrt{\left(1-\dfrac{\lambda}{2a'}\right)^2}}$$

$a' \gg \lambda$ のとき $\lambda_g = \lambda$ となる. したがって, このときマイクロ波はほとんど自由空間における波と同じ平面波となっている.

索　引

■ 著者紹介

平田　仁（ひらた　ひとし）

　　1934年　旧朝鮮に生まれる.
　　1961年　広島大学工学部電気工学科卒業
　　　　　　旧日本電信電話公社電気通信研究所, 東芝勤務を経て
　　　　　　元東京工科大学非常勤講師
　　専　攻　マイクロ波工学（理学博士）
　　著　書　「光エレクトロニクスの基礎」（日本理工出版会, 共著）
　　　　　　「わかりやすい電磁気学の基礎」（日本理工出版会）

- 本書の内容に関する質問は, オーム社ホームページの「サポート」から,「お問合せ」の「書籍に関するお問合せ」をご参照いただくか, または書状にてオーム社編集局宛にお願いします. お受けできる質問は本書で紹介した内容に限らせていただきます. なお, 電話での質問にはお答えできませんので, あらかじめご了承ください.
- 万一, 落丁・乱丁の場合は, 送料当社負担でお取替えいたします. 当社販売課宛にお送りください.
- 本書の一部の複写複製を希望される場合は, 本書扉裏を参照してください.
  JCOPY ＜出版者著作権管理機構 委託出版物＞
- 本書籍は, 日本理工出版会から発行されていた『マイクロ波工学の基礎』をオーム社から発行するものです.

マイクロ波工学の基礎

2022 年 9 月 10 日　　第 1 版第 1 刷発行
2023 年 9 月 30 日　　第 1 版第 2 刷発行

著　　者　平田　仁
発 行 者　村上和夫
発 行 所　株式会社オーム社
　　　　　郵便番号　101-8460
　　　　　東京都千代田区神田錦町 3-1
　　　　　電話　03 (3233) 0641 (代表)
　　　　　URL　https://www.ohmsha.co.jp/

© 平田仁 2022

印刷・製本　デジタルパブリッシングサービス
ISBN978-4-274-22930-5　Printed in Japan

本書の感想募集 https://www.ohmsha.co.jp/kansou/
本書をお読みになった感想を上記サイトまでお寄せください.
お寄せいただいた方には, 抽選でプレゼントを差し上げます.